高等院校基础课系列教材·实验类

GAODENG YUANXIAO JICHUKE XILIE JIAOCAI · SHIYAN LEI

分析化学实验

主 编 柳 军

参 编 涂 胜

重庆大学出版社

内容提要

本书包括3部分:第1部分介绍分析化学实验基本知识;第2部分介绍分析化学实验仪器及操作;第3部分介绍分析化学实验。

本书主要介绍分析化学定量分析部分的实验项目,与环境、材料等专业的实际应用联系紧密,可作为各类高等院校的应用化学、材料类、环境科学与工程、市政工程、地质等专业的本科生分析化学实验教材,也可供师范类院校相关专业参考。

图书在版编目(CIP)数据

分析化学实验/柳军主编. --重庆:重庆大学出版社,2022.7

ISBN 978-7-5689-3343-8

Ⅰ.①分… Ⅱ.①柳… Ⅲ.①分析化学—化学实验—高等学校—教材 Ⅳ.①O652.1

中国版本图书馆CIP数据核字(2022)第114169号

分析化学实验

FENXI HUAXUE SHIYAN

主 编 柳 军

参 编 涂 胜

策划编辑:鲁 黎

责任编辑:杨育彪 版式设计:鲁 黎

责任校对:邹 忌 责任印制:张 策

*

重庆大学出版社出版发行

出版人:饶帮华

社址:重庆市沙坪坝区大学城西路21号

邮编:401331

电话:(023)88617190 88617185(中小学)

传真:(023)88617186 88617166

网址:http://www.cqup.com.cn

邮箱:fxk@cqup.com.cn(营销中心)

全国新华书店经销

重庆长虹印务有限公司印刷

*

开本:787mm×1092mm 1/16 印张:6.25 字数:163千

2022年7月第1版 2022年7月第1次印刷

ISBN 978-7-5689-3343-8 定价:21.00元

前言

分析化学实验是化学化工类及相关专业的重要基础课程之一，也是分析化学教学中的一个重要环节，学习该课程，不仅能使学生可以掌握基本操作技能，提高动手能力，而且能培养学生实事求是的科学态度和良好的实验习惯，帮助其养成严格的"量"的概念，对提高综合素质与创新精神具有极其重要的作用。学生还可以通过完成实验提高应用实验的手段与方法去分析、研究和解决问题的能力。

本书内容主要包括定量分析中的四类滴定分析方法：酸碱滴定、络合滴定、氧化还原滴定和沉淀滴定，以及一个重量分析法的相关实验。本书在沿用分析化学学科传统分类的基础上，还选编了两个可见光分光光度法的实验项目，实验项目与环境类专业和材料类专业的分析项目紧密结合。

书中每个实验基本可以按连续 3 个学时完成，使用本书时可根据不同学时安排选用。

本书由柳军主编，涂胜参编。涂胜对实验一、七、八的错误之处提出了修改意见。牟元华、汤琪、饶晓蓓为本书的编写提供了宝贵的意见和帮助，在此致以衷心的感谢。同时对参考文献中的各位作者致以诚挚的谢意。

由于编者水平有限，书中难免有不妥和错误之处，敬请读者批评指正。

编　者

2021 年 11 月

目录

1 分析化学实验基本知识

1.1 分析化学实验课的目的和要求

分析化学实验是工业分析专业及与化学相关的其他专业的重要基础课程之一,它既与分析化学理论课教学紧密结合、相辅相成,却又是一门独立的课程。

学生通过本课程的学习,可以深入地了解:同一物质的化学组成的研究可以有不同的分析方法,同一分析方法可以研究不同物质中的同一成分,而相同的分析方法其条件不同时可以得到不同的现象和结果。因而学习本课程可激发学生的创造性思维,努力通过实践去认识事物的客观规律,从而培养学生的创新精神并提高学生的实践能力,为其将来从事相关工作打下良好的基础。

学生学习分析化学实验课应达到下述目的。

(1)加深对分析化学基础理论的理解,加深"实践出真知"的认识,克服重理论轻实践的倾向。

(2)正确和熟练地掌握分析化学实验的基本操作,提高观察、分析和解决问题的实际动手能力。

(3)学习分析化学实验的基本知识,严格树立准确"量"的概念,养成良好的实验习惯,培养严谨的科学态度和实事求是的工作作风。

(4)学会独立自主地利用前人的工作成果,设计新的实验方案,培养创新精神和独立工作能力。

为达上述目的,要求学生做到以下几点。

(1)实验前认真预习,领会实验的目的和基本原理,了解实验步骤和注意事项,做到心中有数,有条不紊地做好实验。

(2)实验前根据实验内容,先写实验报告的部分内容,画好表格,查好有关数据,以便实验时及时、准确地记录实验现象和有关数据,并进行数据处理。

(3)实验时严格按照规范操作进行,仔细观察现象,及时记录,运用所学理论知识解释实验现象,并研究实验中的问题。

(4)认真填写好实验报告,对于实验中出现的现象和问题进行认真讨论。

(5)遵守实验室规则和实验室安全、卫生要求,听从指导教师安排,保持实验台面和整个实验室的整洁。

1.2 分析化学实验的一般知识

1.2.1 实验安全知识

在分析化学实验中,会经常使用有腐蚀性的、易燃的、易爆炸的或有毒的化学试剂,会大量使用易碎的玻璃仪器和一些精密的分析仪器,也会经常使用水、电或其他燃料等。为了保障人身安全,爱护国家财产及保证实验正常进行,实验时必须十分重视安全工作,严格遵守实验室的安全规则,具体内容如下。

(1)实验室内严禁饮食、吸烟,严禁一切化学试剂入口。实验完毕,必须洗手。水、电、燃气使用完毕后,应立即关闭。离开实验室前,应仔细检查水、电、燃气、门、窗是否均已关好。

(2)严禁用潮湿的手开启电器设备、开关及电闸等;不得使用漏电的电器设备;不得随意移动和拨弄实验室内其他非实验用的仪器与设备。

(3)严禁在实验室加热腐蚀性的浓酸、浓碱,使用时应在通风橱内进行操作,尽可能戴上橡皮手套和防护眼镜,切勿溅在皮肤和衣服上,如不小心溅在皮肤和衣服上,应立即用大量清水冲洗,然后用5%碳酸氢钠(对于酸腐蚀)或用5%硼酸溶液(对于碱腐蚀)冲洗,最后用蒸馏水冲洗。

(4)严禁用火焰或电炉直接加热易燃易爆的有机溶剂(如四氯化碳、乙醚、苯、丙酮、三氯甲烷等),而应在水浴上加热,使用时应远离火焰和热源;存放时,应将瓶塞塞紧,存放在阴凉通风处。

(5)严禁将汞盐、砷化物、氰化物等剧毒物品或含有此类物品的溶液直接倒入下水道或废液缸中,一定要转化成无毒(如氰化物与碱性亚铁盐溶液转化为亚铁氰化铁)后才能作废液处理。使用时也应格外小心,尤其不能让氰化物与酸接触,否则会生成剧毒的氰化氢。

(6)严禁将热的、浓的高氯酸与有机物质接触,用高氯酸处理含有机物试样时,应先用浓硝酸将有机物破坏后,再加入高氯酸处理,以免高氯酸与有机物作用引起燃烧或爆炸,造成事故。

(7)严禁将易爆炸类药品(如高氯酸、高氯酸盐、过氧化氢及高压气体等)与易挥发易燃药品(如乙醚、二硫化碳、苯、酒精、油等低沸点物质)一起存放,也不得将它们存放在热源附近。

(8)严禁对着自己或他人开启易挥发试剂、冒烟的浓酸浓碱试剂的瓶塞。夏天,开启此类试剂瓶时,应先将它们在冷水中冷却。

(9)实验过程中若发生意外,应根据具体情况及时处理。如烫伤,可在烫伤处抹上黄色的苦味酸溶液或烫伤软膏;可溶于水的物质着火,用水扑灭;汽油、乙醚类有机溶剂着火,用沙土扑灭;电器着火,应先断电,再用四氯化碳灭火器扑灭。无论发生何种事故,均不得惊慌失措,情况紧急时应及时报警。

(10)实验室应保持整齐、干净,不得将固体、玻璃碎片等扔在水槽中,不得将废酸、废碱倒入水槽,以免腐蚀下水道。

1.2.2 实验试剂及用水

1. 实验试剂

实验室常用的试剂分为四级,见表 1.1。

表 1.1 实验室常用试剂

级别	中文名称	英文符号	标签颜色	主要用途
一级	优级纯	GR	深绿	精密分析实验
二级	分析纯	AR	金光红	一般分析实验
三级	生化试剂	CP	中蓝	一般化学实验
四级	生化试剂 生物染色剂	BR	咖啡色(染色剂: 酒红色)	生物化学实验

指示剂也属于一般试剂。此外,还有标准试剂、高纯试剂、专用试剂等。

按规定,试剂瓶口的标签上应标示试剂名称、化学式、摩尔质量、级别、技术规格、产品标准号、生产许可证号(部分常用试剂)、生产批号、厂名等。危险品和毒品还应给出相应的标志。

2. 实验用水

化学实验对水的质量有一定的要求。纯水是最常用的纯净溶剂和洗涤剂,应根据实验的要求选用不同规格的水。分析实验室用水分为三级,见表 1.2。

表 1.2 分析实验室用水的级别及主要技术指标

指标名称	一级	二级	三级
pH 值范围(25 ℃)	—	—	5.0~7.0
电导率(25 ℃)/($mS \cdot m^{-1}$)	≤0.01	≤0.10	≤0.50
可氧化物质[以(O)计]/($mg \cdot L^{-1}$)	—	<0.08	<0.4
蒸发残渣(105 ±2)℃/($mg \cdot L^{-1}$)	—	≤1.0	≤2.0
吸光度(254 nm,1 cm 光程)	≤0.001	≤0.01	—
可溶性硅[以(SiO_2)计]/($mg \cdot L^{-1}$)	<0.01	<0.02	—

一级水主要用于有严格要求的分析实验,包括对微粒有要求的实验,如高效液相色谱分析用水。一级水可用二级水经过石英设备蒸馏或离子交换混合床处理后,再经 0.2 μm 微孔滤膜来制取。

二级水主要用于无机痕量分析实验,如原子吸收光谱分析、电化学分析实验等。二级水可用离子交换或多次蒸馏等方法制取。

三级水主要用于一般化学分析实验。三级水可用蒸馏、去离子(离子交换及电渗析法)或反渗透等方法制取。

1.2.3 玻璃器皿的洗涤方法及常用洗涤剂

1. 洗涤方法

一般是先用适当的洗涤液浸泡或刷洗后，用自来水冲净，此时器皿应透明并无肉眼可见的污物，内壁不挂水珠，否则应再次用洗涤液浸泡或刷洗，然后用纯水冲洗内壁三次，以除掉残留的自来水。洗净的器皿应置于洁净处备用。

较精密的玻璃量器，例如滴定管、移液管、容量瓶等，由于它们形状的特殊性且容量准确，不宜用刷子摩擦其内壁。通常是用铬酸洗液浸泡内壁（10 min 以上）后，再依次用自来水和纯水洗涤干净，其外壁可用洗衣粉或相当的洗涤剂进行刷洗，然后用自来水洗净。

光度分析所用的吸收池容易被有色溶液染色，通常用盐酸-乙醇混合液浸泡（内外壁），然后再用自来水洗净。

仪器分析尤其是微量、痕量分析所用的器皿，通常还要用 1∶1或 1∶2体积比的盐酸或硝酸溶液浸泡，有时还需加热，以除去微量的杂质。

带有微孔玻璃砂滤板的过滤器，新的过滤器使用前要经酸洗（浸泡）、抽滤、水洗、抽滤、晾干或烘干。为了防止残留物堵塞微孔，使用后的过滤器应及时清洗，清洗的原则是选用既能溶解或分解残留物质又不至于腐蚀滤板的洗涤液进行浸泡，然后抽滤、水洗、抽滤。

洗涤过程中，纯水应在最后使用，即仅用它洗去残留的自来水。还应强调一点，洗涤过程中自来水和纯水都应按照少量多次的原则使用，每次洗涤加水一般为总容量的 5% ~20%，不应该也不必每次用很多的水甚至灌满容器，这样做既浪费水又浪费时间。

以上所述仅是一般的洗涤方法，实际工作中还有许多特殊的洗涤方法。洗涤仪器的基本原则是根据污物及器皿本身的化学性质和物理性质，有针对性地选用洗涤剂，目的是既可通过化学或物理的作用有效地除去污物及干扰离子，又不至于腐蚀器皿材料。

2. 常用洗涤剂

（1）铬酸洗液。

铬酸洗液是含有饱和 $K_2Cr_2O_7$ 的浓硫酸溶液。将 50 g 工业级的 $K_2Cr_2O_7$ 缓慢地加到 1 L 热硫酸（工业级）中，充分搅拌使之溶解完全，冷却后转入细口瓶中备用。

铬酸洗液具有强氧化性和强酸性，适于洗涤无机物和部分有机物，加热（70 ~80 ℃）后使用效果最佳，但要注意温度过高容易造成由软质玻璃材料制造的器皿发生破裂。使用铬酸洗液时应注意以下几点。

①由于六价铬和三价铬都有毒，大量使用会污染环境，所以，凡是能够用其他洗涤剂进行洗涤的仪器，都不要用铬酸洗液，在本书的实验中，铬酸洗液只用于容量瓶、移液管、吸量管和滴定管的洗涤。

②使用时要尽量避免将水引入洗液（稀释后会降低洗涤效果），加洗液前应尽量去掉仪器内的水。过度稀释的洗液可在通风柜中加热蒸发掉大部分水分后继续使用。

③洗液要循环使用，用后倒回原瓶并应随时盖严。当洗液由棕红色变为绿色（Cr^{3+} 色）时，即已失效。当出现红色晶体（CrO_3）时，说明 $K_2Cr_2O_7$ 浓度已减小，洗涤效果也已降低。

④铬酸洗液具有强腐蚀性，使用时要小心，要避免洒到手上、衣服上、实验台上以及地上，一旦洒出应立即用水稀释并擦拭干净。另外，仪器中有残留的氯化物时，应除掉后再加入铬酸洗液，否则会产生有毒的挥发性物质。

(2)合成洗涤剂。

合成洗涤剂主要是洗衣粉、洗涤灵、洗洁精等,一般的器皿都可以用合成洗涤剂洗涤,可有效地洗去油污及某些有机化合物。洗涤时,在器皿中加入少量的合成洗涤剂和水,然后用毛刷反复刷洗,再用水冲洗干净。

(3)盐酸-乙醇溶液。

将化学纯的盐酸和乙醇按1∶2的体积比进行混合即成盐酸-乙醇溶液,此洗涤液主要用于洗涤被染色的吸收池、比色管、吸量管等。洗涤时最好将器皿在此液中浸泡一定时间,然后再用水冲洗。

(4)盐酸。

化学纯的盐酸与水以1∶1的体积比进行混合(也可加入少量草酸)即成盐酸洗液,此洗液为还原性强酸洗涤剂,可洗去多种金属氧化物及金属离子。

(5)氢氧化钠-乙醇溶液。

氢氧化钠-乙醇溶液是将120 g氢氧化钠溶于150 mL水中,再用95%的乙醇稀释至1 L,此洗液主要用于洗去油污及某些有机物。用它洗涤精密玻璃量器时,不可长时间浸泡,以避免腐蚀玻璃,影响量器精度。

(6)硝酸-氢氟酸溶液。

硝酸-氢氟酸溶液是将50 mL氢氟酸、100 mL硝酸、350 mL水混合,贮于塑料瓶中盖紧。这种洗液能有效地去除器皿表面的金属离子,较脏的器皿应先用其他的洗涤剂及自来水清洗后再用此洗液洗一遍。此洗液剂对玻璃、石英器皿洗涤效果好,但同时会对器皿表面产生腐蚀,因此,精密量器、小容量吸量管、标准磨口、活塞、玻璃砂板漏斗、吸收池及光学玻璃等都不宜使用此洗液。此洗液对人体也有强烈腐蚀性,操作时应戴橡胶手套。

应该指出的是,所有的洗涤剂用完排入下水道都将会不同程度地污染环境,因此,凡能循环使用的洗涤剂均应反复利用,不能循环使用的则应尽量减少用量。上述几种洗涤剂,一般都可循环使用数次。

1.3　分析化学实验数据的记录、处理和实验报告

1.实验数据的记录

学生应有专门的、预先编有页码的实验记录本,不得撕去任何一面。绝不允许将数据记在单面纸或小纸片上,或记在书上、手掌上等。实验记录本可与实验报告本共用,实验后即在实验记录本上写出实验报告。

实验过程中的各种测量数据及有关现象,应及时准确而清楚地记录下来。记录实验数据时,要有严谨的科学态度,要实事求是,切忌夹杂主观因素,绝不能随意拼凑或伪造数据。

实验过程中测量数据时,应注意其有效数字的位数。用分析天平称量物体的质量时,要求记录到0.000 1 g;滴定管及吸量管的读数,应记录至0.01 mL;用分光光度计测量溶液的吸光度时,如吸光度在0.6以下,读数应记录至0.001,读数大于0.6时,则要求记录至0.01。

实验记录上的每一个数据,都是测量结果,所以,重复观测时,即使数据完全相同,也都要记录下来。

对文字记录时,应整齐清晰;对数据记录时,应采用一定的表格形式,这样就更为清楚

明白。

在实验过程中，如发现数据算错、测错或读错而需要改动时，可将该数据用一横线画去，并在其上方写出正确的数字。

2. 实验数据的处理

为了衡量分析结果的精密度，一般对单次测定的一组结果 $x_1, x_2, \cdots, x_n$ 计算算术平均值 $\bar{x}$ 后，应再用单次测量结果的相对偏差、平均偏差、相对平均偏差、标准偏差、相对标准偏差等表示出来，这些是分析实验中最常用的几种数据处理的表示方法。

算术平均值为

$$\bar{x} = \frac{x_1 + x_2 + \cdots + x_n}{n} = \frac{\sum_{i=1}^{n} x_i}{n}$$

相对偏差为

$$\frac{x_i - \bar{x}}{\bar{x}} \times 100\%$$

平均偏差为

$$\bar{d} = \frac{|x_1 - \bar{x}| + |x_2 - \bar{x}| + \cdots |x_i - \bar{x}|}{n} = \frac{\sum_{i=1}^{n} |x_i - \bar{x}|}{n}$$

相对平均偏差为

$$\mathrm{RMD} = \frac{\bar{d}}{\bar{x}} \times 100\%$$

标准偏差为

$$s = \sqrt{\frac{\sum_{i=1}^{n} (x_i - \bar{x})^2}{n - 1}}$$

相对标准偏差为

$$\mathrm{RSD} = \frac{s}{\bar{x}} \times 100\%$$

其中相对偏差是分析化学实验中最常用的确定分析测定结果好坏的方法。例如，用 $K_2Cr_2O_7$ 法 5 次测得铁矿石 Fe 质量分数分别为：37.40%，37.20%，37.30%，37.50%，37.30%，其处理方法见表 1.3。

表 1.3　数据处理

序号	$\omega_{Fe}/\%$	$\overline{\omega}_{Fe}/\%$	绝对偏差/%	相对偏差/%
x_1	37.40	37.34	+0.06	0.16
x_2	37.20		−0.14	−0.37
x_3	37.30		−0.04	−0.11
x_4	37.50		+0.16	0.43
x_5	37.30		−0.04	−0.11

对分析化学实验数据的处理,有时是大宗数据的处理,甚至有时还要进行总体和样本的大宗数据的处理。例如,某河流水质调查、地球表面的矿藏分布调查、某地不同部位的土壤调查,等等。

其他有关实验数据的统计学处理,例如,置信度与置信区间、是否存在显著性差异的检验及对可疑值的取舍判断等可参考有关书籍和专著。

3. 实验报告

实验完毕,应用专门的实验报告本,根据预习和实验中的现象及数据记录等,及时而认真地写出实验报告。分析化学实验报告一般包括以下内容。

(1)实验(编号)实验名称。要用最简练的语言反映实验的内容。

(2)实验目的。简要地描述实验所要达到的最终目标。

(3)实验原理。简要地用文字和化学反应式说明。例如,对于滴定分析,通常应有标定和滴定反应方程式,基准物质和指示剂的选择,标定和滴定的计算公式等。对特殊仪器的实验装置,应画出实验装置图。

(4)主要试剂和仪器。列出实验中所要使用的主要试剂和仪器。

(5)实验步骤。应简明扼要地写出实验步骤流程。

(6)实验数据及其处理。应用文字、表格、图形将数据表示出来。根据实验要求及公式计算、分析结果并进行有关数据和误差处理,尽可能地使记录表格化。

(7)问题讨论。问题讨论包括解答实验教材上的思考题和对实验中的现象、产生的误差等进行讨论和分析,尽可能地结合分析化学的相关理论,以提高自己分析问题、解决问题的能力,也为以后科学研究、论文的撰写打下一定的基础。

2 分析化学实验仪器及操作

2.1 分析天平

分析天平是一种精确的称量仪器。分析天平的种类很多,根据其结构不同,可分为摇摆天平、阻尼天平、电光分析天平、电子分析天平等。

1. 电光分析天平

电光分析天平是常用的一种分析天平,有半机械加码和全机械加码两种。半机械加码电光分析天平结构示意图如图 2.1 所示。

(1)天平梁。天平梁是天平的主要部件。梁上有 3 个玛瑙制成的刀口,中央的刀口向下,用来支承天平梁,两端的刀口向上,用来悬挂天平盘。刀口是天平最重要的部件,它的锋利程度决定了天平的灵敏度,因此,在天平使用过程中,必须注意保护刀口。梁的两边装有两个平衡调节螺丝,用来调整梁的平衡位置。

(2)天平柱。它位于天平的正中,是天平梁的支柱。柱的上方嵌有玛瑙平板,天平工作时,它与梁中间的玛瑙刀口接触。天平关闭时,托架上升,托起横梁,使刀口与玛瑙平板脱开,以保护玛瑙刀口,免受磨损。

(3)指针。固定在天平梁的中央,下端有一个徽标尺。天平梁摆动时,指针随着摆动从光幕上可以显示指针摆动的位置。

(4)天平盘与框罩。天平盘用来放称量物体和砝码。电光分析天平是比较精密的仪器,空气流动容易影响天平的称量,为了减少这些影响,称量时一定要把框罩的门关好。

(5)升降旋钮。升降旋钮用来控制天平工作状态和休止状态。

(6)投影屏。通过光电系统使指针下端标尺放大后,在投影屏上可清楚地读出标尺刻度。标尺刻度每一大格代表 1 mg,每一小格代表 0.1 mg (0.000 1 g)。

(7)砝码和环码。半自动电光分析天平有砝码和环码两种。砝码装在盒内,最大质量为 100 g,最小质量为 1 g。1 g 以下是用金属丝做成环码,安装在天平的右上角,用机械旋钮来加减环码,用以加减 10 mg 或 990 mg 的质量。10 mg 以下质量直接在投影屏上读出,如图 2.2 所示。

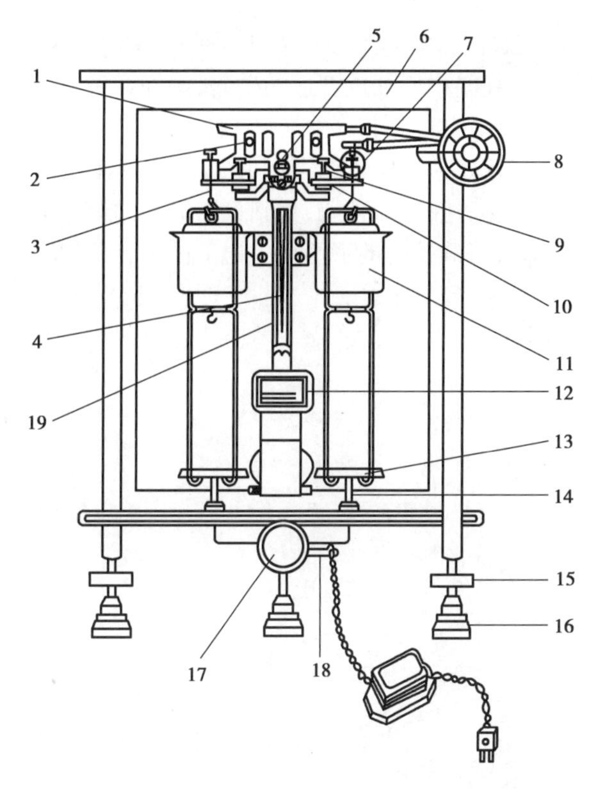

图 2.1　半机械加码电光分析天平结构示意图

1—天平梁;2—平衡调节螺丝;3—吊耳;4—指针;5—支点刀;6—框罩;7—环码;

8—指数盘;9—承重刀;10—折叶;11—阻尼筒;12—投影屏;13—天平盘;

14—盘托;15—螺旋脚;16—垫脚;17—升降旋钮;18—调屏拉杆;19—天平柱

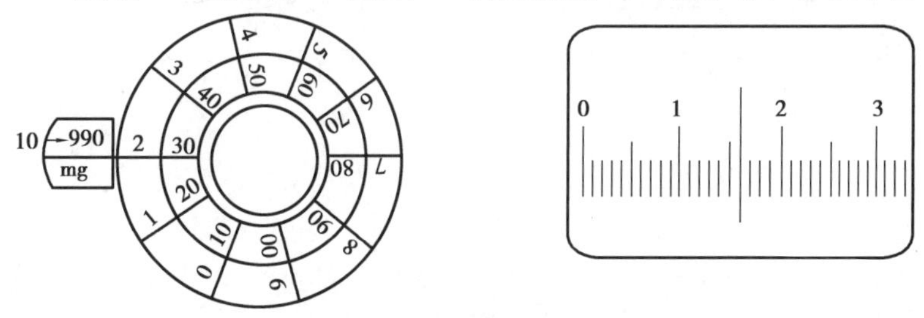

图 2.2　环码指数盘和投影屏上的读数

全机械加码电光分析天平的构造与半机械加码电光分析天平的构造基本相同,但前者不用砝码,全部用环码。

电光分析天平的使用方法如下。

(1)称量前应检查天平是否处于良好状态。环码是否跳落,机械加码旋钮是否在零位,天平是否水平等。

(2)零点的调节。所谓零点,就是不载重的天平停止摆动后(平衡状态)指针的位置。接通电源,轻轻转动升降旋钮,天平梁升起,灯泡发亮,投影屏上可看到标尺的投影在移动。投影稳定后,若投影屏上刻线和标尺上的零恰好重合,天平的零点等于零。若不重合,可拨动升降旋钮附近的扳手,移动光幕的位置使两者重合。若偏高较大时,可用天平梁上两端的平衡调节螺丝加以调节。测得零点后,把升降旋钮降下,使天平停止。

(3)称量。先在台秤上粗称物体质量,以便在天平上称量时加放合适的砝码。然后把物体放在天平左托盘中心,在右托盘中心加放合适的砝码,关好天平门,缓慢开动升降旋钮,观察投影屏上标尺移动的方向,若标尺迅速向右(或负数)移动,则表示砝码太重,应立即关好升降旋钮,减砝码后再称量。若标尺迅速向左(或正数)移动,则表示砝码太轻,应立即关好升降旋钮,加砝码后再称量。用同样的方法加减环码,直到投影屏上的刻线与标尺上某一读数相重合为止,此重合点称为停点,即天平载重时的平衡点。记下砝码、环码及标尺所示质量。称量后,使天平停止。

(4)数据记录及计算。

砝码质量 $m_1 =$ g

环码质量 $m_2 =$ g

标尺所示质量 $m_3 =$ g

物体质量 $m = m_1 + m_2 + m_3 =$ g

2. 电子分析天平

(1)AB204-N 电子分析天平结构示意图如图 2.3 所示。

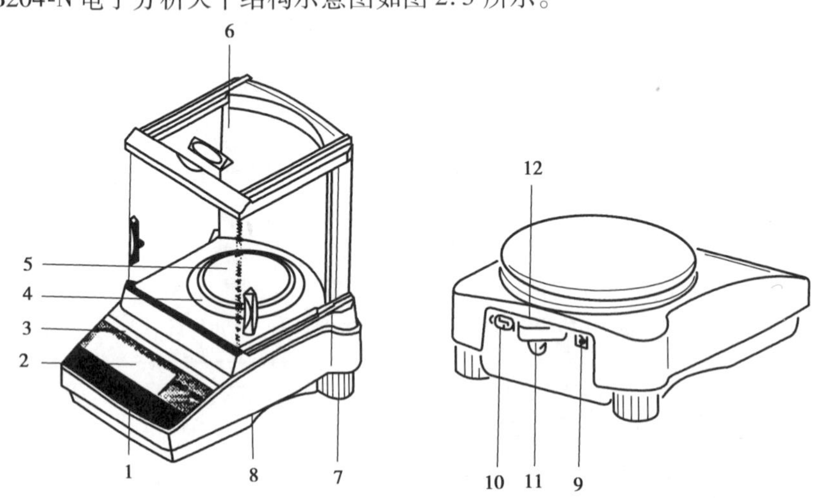

图 2.3 AB204-N 电子分析天平结构示意图

1—操作键;2—显示屏;3—具有以下参数的型号标牌("Max":最大称量;"d":可读性);
4—防风圈;5—秤盘;6—防风罩;7—水平调节脚;8—用于下挂称量方式的挂钩(在天平底面);
9—交流电源适配器插座;10—RS232C 接口;11—防盗锁连接环;12—水平泡

(2)AB204-N 电子分析天平控制面板示意图如图 2.4 所示。

AB204-N 天平具有两种操作方式:称量工作方式和菜单方式。每个键的功能取决于选择哪种方式及按键时间的长短。

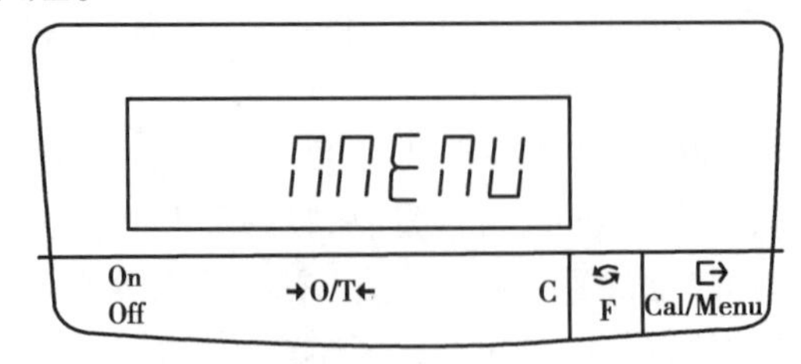

图 2.4 AB204-N 电子分析天平控制面板示意图

①称量工作方式下的操作键功能。

a. On:单击此键,开机;

b. Off:按此键并保持不放,关机(待机状态);

c. →O/T←:清零/去皮;

d. C:删除功能;

e. ↻:单位转换;

f. F:激活功能;

g. ⇒:通过接口传输数据(需要合适的配置);

h. Cal/Menu:按此键保持不放,为校准功能;一直按此键直到“MENU”字样出现,为菜单。

②菜单方式下的操作键功能:按①中 h 步骤转换到菜单模式。

a. C:退出菜单(不保存退出);

b. ↻:改变设置;

c. ⇒:菜单选项;

d. Cal/Menu:保存设置并退出。

(3)AB204-N 电子天平操作。

①预热:为了获得准确的称量结果,天平必须通电 20 ~ 30 min 以获得稳定的工作温度。

②开机/关机:

a. 开机:让秤盘空载并单击【On】键,天平显示自检(所有字段闪烁等),当天平回零时,就可以进行校准或称量了。

b. 关机:按住【Off】键直到显示出现“Off”字样,松开该键。

③校准:

a. 准备好校准用砝码;

b. 让天平空载;

c. 按住【Cal/Menu】键不放,直到天平显示出现“CAL”字样后松开该键,所需核准的砝码值会闪现;

d. 将校准砝码置于杯盘中央;

e. 当“0.00 g”字样闪现时,移去砝码;

f. 当天平闪现“CAL　done”字样,接着又出现“0.00 g”字样时,天平的校准结束。天平又回到称量工作方式,等待称量。

④简单称量:

a. 将样品放在秤盘上;

b. 等待直到稳定指示符“。”消失;

c. 读取称量结果。

⑤去皮:

a. 将空容器放在天平秤盘上;

b. 显示其总量值;

c. 去皮:单击【→O/T←】键;

d. 向空容器中加料,并显示净重值(如果将容器从天平上移去,去皮重量值会以负值显示,去皮重量将一直保留到再次按【→O/T←】键或天平关机)。

2.2 滴定分析的仪器和基本操作

在滴定分析中,滴定管、容量瓶、移液管和吸量管是准确测量溶液体积的量器。通常,体积测量相对误差比称量要大,而分析结果的准确度是由误差最大的那项因素决定的。因此,必须准确测量溶液的体积以得到正确的分析结果。溶液体积测量的准确度不仅取决于所用量器是否准确,更重要的是取决于准备和使用量器是否正确。现将滴定分析常用器皿及其基本操作分述如下。

2.2.1 滴定管

滴定管是滴定时用来准确测量流出标准溶液体积的量器。它的主要部分管身用细长且内径均匀的玻璃管制成,上面刻有均匀的分度线,下端的流液口为一尖嘴,中间通过玻璃旋塞或乳胶管连接以控制滴定速度。常量分析用的滴定管标称容量为 50 mL 和 25 mL,最小刻度为 0.1 mL,读数可估计到 0.01 mL。

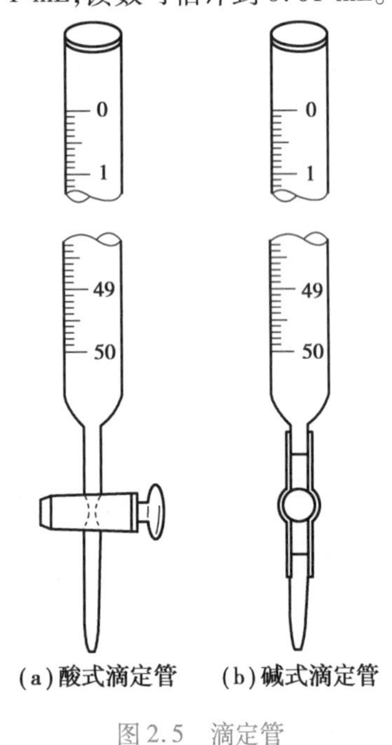

(a)酸式滴定管　(b)碱式滴定管

图 2.5　滴定管

滴定管一般分为两种:一种是酸式滴定管,另一种是碱式滴定管,如图 2.5 所示。酸式滴定管的下端有玻璃活塞,可盛放酸液及氧化剂,不宜盛放碱液。碱式滴定管的下端连接一橡皮管,内放一玻璃珠,以控制溶液的流出,下面再连一尖嘴玻璃管,这种滴定管可盛放碱液,而不能盛放酸液或氧化剂等腐蚀橡皮的溶液。

滴定管的使用步骤如下。

(1)洗涤:使用滴定管前先用自来水洗,再用少量蒸馏水淋洗 2 ~3 次,每次 5 ~6 mL,洗净后,管壁上不应附着有液滴;最后用少量滴定用的待装溶液洗涤两次,以免加入滴定管的待装溶液被蒸馏水稀释。

(2)装液:将待装溶液加入滴定管中到刻度“0”以上,开启旋塞或挤压玻璃球,把滴定管下端的气泡逐出,然后把管内液面的位置调节到刻度“0”。排气的方法如下:如果是酸式滴定管,可使溶液急速下流驱去气泡。如为碱式滴定管,则可将橡皮管向上弯曲,并在稍高于玻璃珠所在处用两手指挤压,使溶液从尖嘴口喷出,气泡即可除尽,如图 2.6 所示。

(3)读数:常用滴定管的容量为 50 mL,每一大格为 1 mL,每一小格为 0.1 mL,读数可读到小数点后两位。读数时,滴定管应保持垂直。视线应与管内液体凹面的最低处保持水平,偏低偏高都会带来误差,如图 2.7 所示。

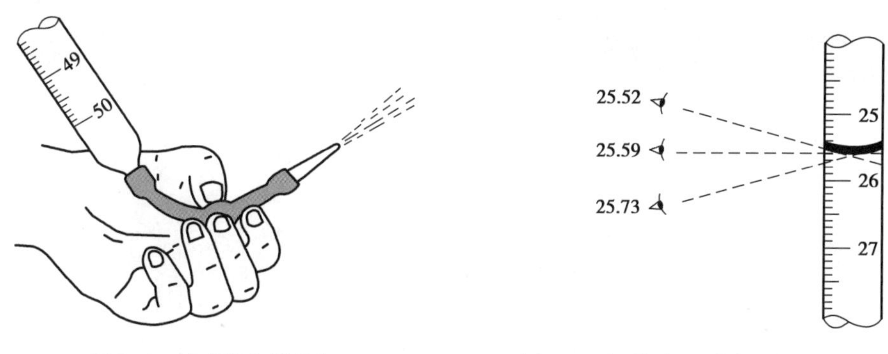

图 2.6 碱式滴定管排气

图 2.7 视线在不同位置得到的滴定管读数

(4)滴定:滴定开始前,先把悬挂在滴定管尖端的液滴除去,滴定时用左手控制阀门,右手持锥形瓶,并不断旋摇,使溶液均匀混合。将到滴定终点时,滴定速度要慢,最后一滴一滴地滴入,防止过量,并且用洗瓶挤少量水淋洗瓶壁,以免有残留的液滴未起反应。最后,必须待滴定管内液面完全稳定后,方可读数。滴定操作示意图如图 2.8 所示。

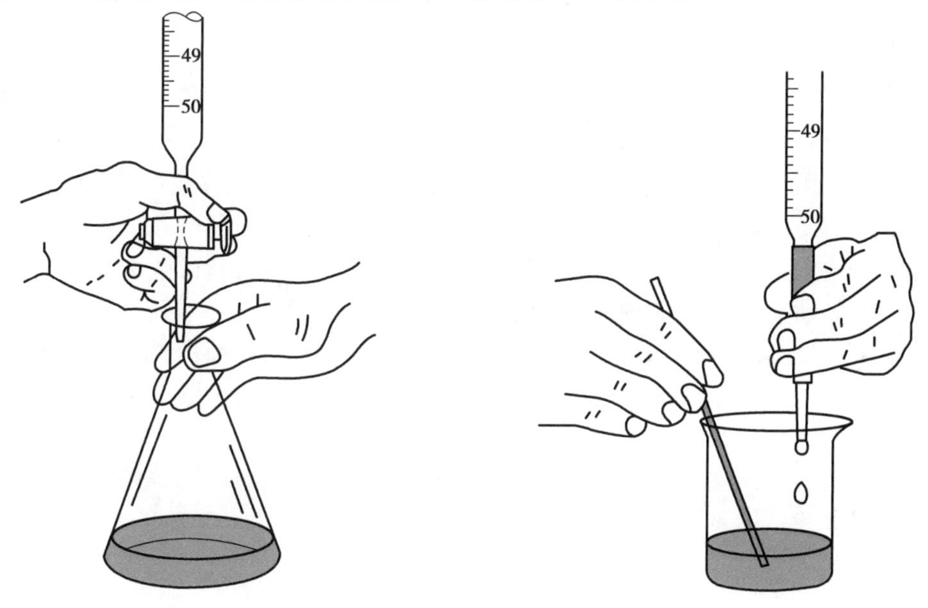

图 2.8 滴定操作示意图

2.2.2 容量瓶

容量瓶主要是用来精确配制一定体积和一定浓度的溶液的量器,如用固体物质配制溶液,应先将固体物质在烧杯中溶解后,再将溶液转移至容量瓶中。转移时,要使玻璃棒的下端靠近瓶颈内壁,使溶液沿玻璃棒缓缓流入瓶中,再从洗瓶中挤出少量水淋洗烧杯及玻璃棒 2 ~ 3 次,并将其转移到容量瓶中,如图 2.9 所示。接近容量瓶标线时,要用滴管慢慢滴加,直至溶液的弯月面与标线相切为止。塞紧瓶塞,用左手食指按住塞子,将容量瓶倒转几次直到溶液混匀为止,如图 2.10 所示。容量瓶的瓶塞是磨口的,一般是配套使用。

容量瓶不能久贮溶液,尤其是碱性溶液,它会侵蚀瓶塞使其无法打开,也不能用火直接加热及烘烤。使用完毕后应立即洗净。如长时间不用,磨口处应洗净擦干,并垫上纸片。

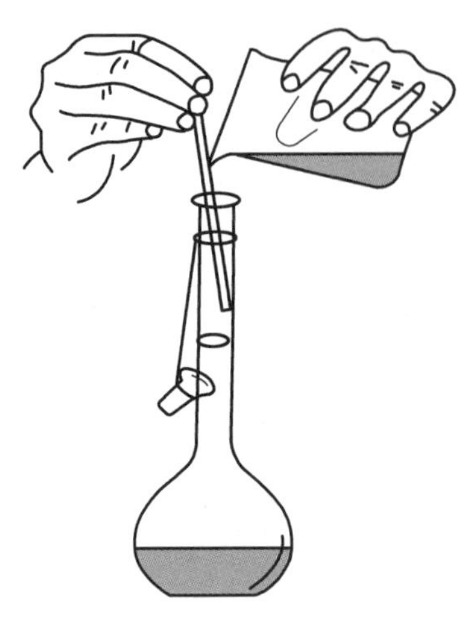

图 2.9 转移溶液入容量瓶

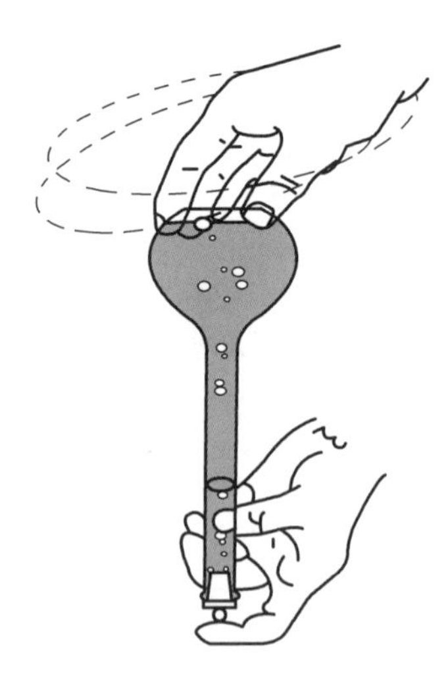

图 2.10 混匀操作

2.2.3 移液管

移液管用于准确移取一定体积的溶液,通常有两种形状,一种移液管中间有膨大部分,称为胖肚移液管;另一种是直形的,管上有分刻度,称为吸量管。

移液管在使用前应洗净,并用蒸馏水润洗 3 次。使用时,洗净的移液管要用被吸取的溶液润洗 3 次,以除去管内残留的水分。吸取溶液时,一般用左手拿洗耳球,右手把移液管插入溶液中吸取。当溶液吸至标线以上时,马上用右手食指按住管口,取出,微微移动食指或用大拇指和中指轻轻转动移液管,使管内液体的弯月面慢慢下降到标线处,立即压紧管口;把移液管移入另一容器(如锥形瓶)中,并使管尖与容器壁接触,放开食指让液体自由流出;流完后再等 15 s 左右。残留于管尖内的液体不必吹出,因为在校正移液管时,未把这部分液体体积计算在内。

使用刻度吸管时,应将溶液吸至最上刻度处,然后将溶液放出至适当刻度,两刻度之差即为放出溶液的体积。

2.3 重量分析基本操作

重量分析包括挥发法、萃取法、沉淀法,其中以沉淀法的应用最为广泛,在此仅介绍沉淀法的基本操作。沉淀法的基本操作包括沉淀的进行、沉淀的过滤和洗涤、烘干或灼烧、称重等。为使沉淀完全、纯净,应根据沉淀的类型选择适宜的操作条件,对每步操作都要细心地进行,以得到准确的分析结果。下面主要介绍沉淀的过滤、洗涤和转移的基础知识和基本操作。

2.3.1 沉淀的过滤

根据沉淀在灼烧中是否会被纸灰还原及称量形式的性质,选择滤纸或玻璃滤器过滤。

1. 滤纸的选择

定量滤纸又称无灰滤纸(每张灰分在 0.1 mg 以下或准确已知)。由沉淀量和沉淀的性质决定选用大小和致密程度不同的快速、中速和慢速滤纸。晶形沉淀多用致密滤纸过滤，蓬松的无定形沉淀要用较大的疏松的滤纸。由滤纸的大小选择合适的漏斗，放入的滤纸应比漏斗沿低 0.5 ~ 1 cm。

2. 滤纸的折叠和安放

如图 2.11 所示，先将滤纸沿直径对折成半圆（见 1），再根据漏斗的角度的大小折叠（可以大于 90°，见 2）。折好的滤纸，一个半边为三层，另一个半边为单层，为使滤纸三层部分紧贴漏斗内壁，可将滤纸的上角撕下（见 3），并留做擦拭沉淀用。将折叠好的滤纸放在洁净的漏斗中，用手指按住滤纸，加蒸馏水至满，必要时用手指小心轻压滤纸，把留在滤纸与漏斗壁之间的气泡赶走，使滤纸紧贴漏斗并使水充满漏斗颈形成水柱，以加快过滤速度。

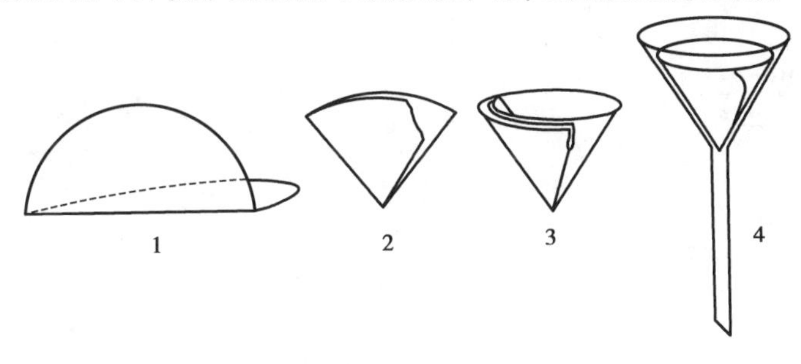

图 2.11　滤纸的折叠和安放

3. 沉淀的过滤

一般多采用倾泻法过滤。如图 2.12 所示，将烧杯置于漏斗之上，接收滤液的洁净烧杯放在漏斗下面，使漏斗颈下端在烧杯边沿以下 3 ~ 4 cm 处，并与烧杯内壁靠紧。先将沉淀倾斜静置，然后将上层清液小心倾入漏斗滤纸中，使清液先通过滤纸，而沉淀尽可能地留在烧杯中，尽量不搅动沉淀，操作时一手拿住玻璃棒，使其与滤纸近于垂直，玻璃棒位于三层滤纸上方，但不和滤纸接触。另一只手拿住盛沉淀的烧杯，烧杯嘴靠住玻璃棒，慢慢将烧杯倾斜，使上层清液沿着玻璃棒流入滤纸中，随着滤液的流注，漏斗中液体的体积增加，至滤纸高度的 2/3 处时，停止倾注（切勿注满），停止倾注时，可沿玻璃棒将烧杯嘴往上提一小段距离，扶正烧杯；在扶正烧杯以前不可将烧杯嘴离开玻璃棒，并注意不让沾在玻璃棒上的液滴或沉淀损失，再把玻璃棒放回烧杯内，但勿把玻璃棒靠在烧杯嘴部。

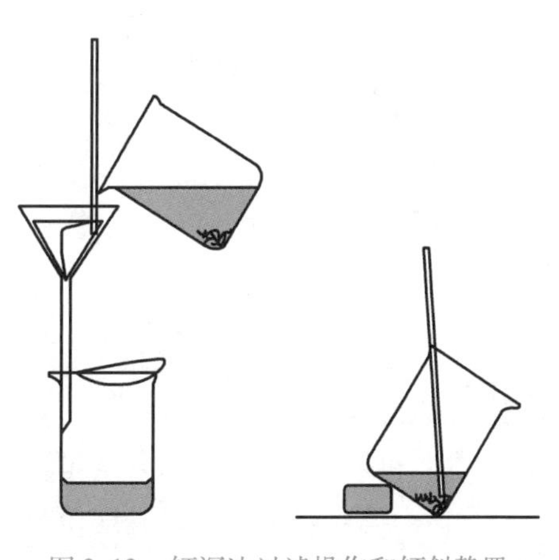

图 2.12　倾泻法过滤操作和倾斜静置

2.3.2　沉淀的洗涤和转移

1. 沉淀的洗涤

沉淀的洗涤一般也采用倾泻法，为提高洗涤效率，按“少量多次”的原则进行，即加入少量洗涤液，充分搅拌后静置，待沉淀下沉后，倾泻上层清液，重复操作数次后，将沉淀转移到滤纸上。

2. 沉淀的转移

在烧杯中加入少量洗涤液，将沉淀充分搅起，立即将悬浊液一次转移到滤纸中。然后用洗瓶吹洗烧杯内壁、玻璃棒,再重复以上操作数次;这时在烧杯内壁和玻璃棒上可能仍残留少量沉淀,这时可用撕下的滤纸角擦拭,放入漏斗中。然后按如图 2.13 所示进行最后冲洗。

沉淀转移完全后,再在滤纸上进行洗涤,以除尽全部杂质。注意在用洗瓶冲洗时是自上而下螺旋式冲洗,如图 2.14 所示,以使沉淀集中在滤纸锥体最下部,重复多次,直至检查无杂质为止。

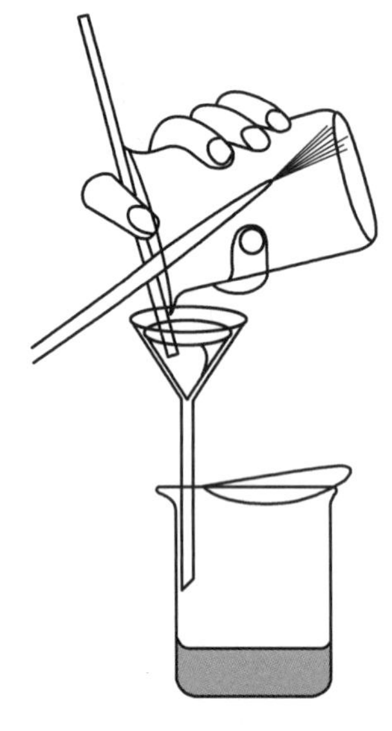

图 2.13　沉淀转移操作

图 2.14　在滤纸上洗涤沉淀

2.4　722S 分光光度计

722S 分光光度计是一种简洁易用的分光光度法通用仪器,能在 340 ~ 1 000 nm 波长内执行透射比、吸光度和浓度直读测定。该仪器以卤素灯为光源,使用非球面光源光路和 CT 光栅单色器;波长准确度为 ±2 nm,光谱带宽为 6 nm;试样架可置 4 个比色皿,并配有 RS232C 串行电缆。本仪器由光源室、单色器、样品室、光电管、电子系统和 4 位 LED 显示窗等组成。

2.4.1　722S 分光光度计的外形示意图及操作键说明

722S 分光光度计的外形示意图如图 2.15 所示。

722S 分光光度计各键说明如下。

1——【↑/100% T】键。在“透射比”灯亮时用作自动调整 100% T(一次未到位可加按一次);在“吸光度”灯亮时用作自动调节吸光度 0(一次未到位可加按一次);在“浓度因子”灯亮时用作增加浓度因子设定,点按点动,持续按 1 s 后,进入快速增加,再按“模式”键后自动确认设定值。在“浓度直读”灯亮时,用作增加浓度直读设定,点按点动,持续按 1 s 后进入快速增加设定。

2——【↓/0% T】键。在“透射比”灯亮时用作自动调整 0% T(调整范围 10% T);在“吸光度”灯亮时不用,如按下则出现超载;在“浓度因子”灯亮时用作减少浓度因子设定,操作方

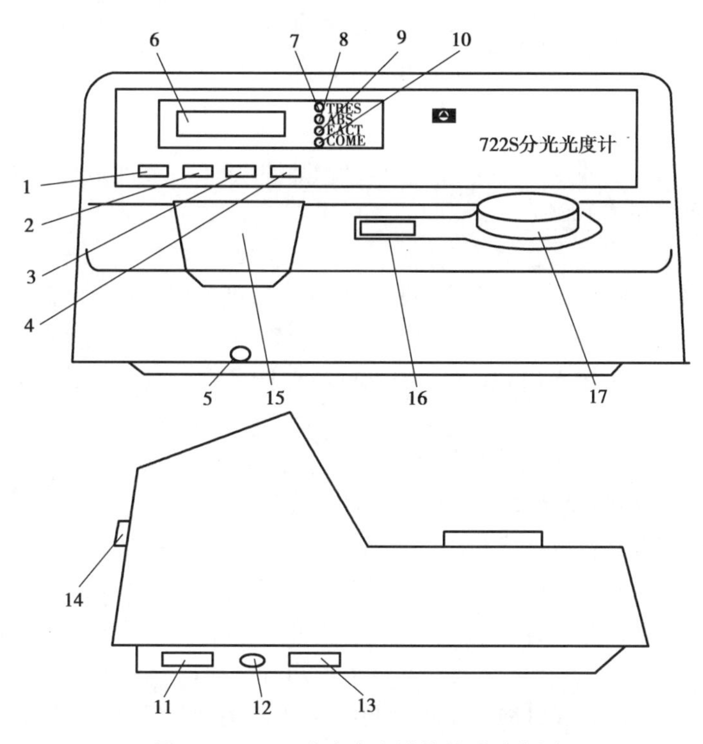

图 2.15 722S 分光光度计的外形示意图

式同【↑/0% T】键;在“浓度直读”灯亮时用作减少浓度直读设定,操作方式同【↓/0% T】键。

3——【功能】键。预定功能扩展键,按下时将当前显示从 RS232C 口发送,可由上层 PC 机接收或打印机接收。

4——【模式】键。用作选择显示标尺,按“透射比”灯亮、“吸光度”灯亮、“浓度因子”灯亮、“浓度直读”灯亮次序,每按一次键进一步循环。

5——试样槽架拉杆。用于改变样品槽位置(四位置)。

6——显示窗 4 位 LED 数字。用于显示读出数据和出错信息。

7——“透射比”指示灯。指示显示窗显示透光度数据。

8——“吸光度”指示灯。指示显示窗显示吸光度数据。

9——“浓度因子”指示灯。指示显示窗显示浓度因子数据。

10——“浓度直读”指示灯。指示显示窗显示浓度直读数据。

11——电源插座。用于接插电源电缆。

12——熔丝座。用于安装熔丝。

13——总开关。ON,OFF 电源。

14——RS232C 串行接口插座。用于连接 RS232C 串行电缆。

15——样品室。供安装各种样品附件用。

16——波长指示窗。显示波长。

17——波长调节钮。供调节波长用。

2.4.2 722S 分光光度计的正常基本操作和应用操作

1. 正常基本操作

(1)预热。

仪器开机后灯及电子部分需热平衡,故开机预热 30 min 后才能进行测定工作,如紧急应用时请注意随时调零和调 100% T。

(2)调零。

目的:校正基本读数标尺两端(配合 100% T 调节),进入正确测试状态。

调整时间:开机预热 30 min 后,改变测试波长时或测试一段时间,以及作高精度测试前。

操作:打开试样盖(关闭光门)或用不透光材料在样品室中遮断光路,然后按【0%】键,即能自动调整零位。

(3)调整 100% T。

目的:校正基本读数标尺两端(配合调零),进入正确测试状态。

调整时间:开机预热后,更换测试波长或测试一段时间后,以及作高精度测试前。(一般在调零前应加一次 100% T 调整以使仪器内部自动增益到位)。

操作:将用作背景的空白样品置入样品室光路中,盖下试样盖(同时打开光门)按下【100% T】键即能自动调整 100% T(一次有误差时可加按一次)。

注:调整 100% T 时,整机自动增益系统重调可能影响 0%,调整后请检查 0%,如有变化可重调 0% 一次。

(4)调整波长。

使用仪器上唯一的旋钮,即可方便地调整仪器当前测试波长,具体波长由旋钮左侧的显示窗显示,读出波长时目光垂直观察。

注:仪器采用机械联动切换滤光片装置,故当旋钮转动经过 480 nm 时会有金属接触声,如在 480 ~ 1 000 nm 存在轻微金属摩擦声,属正常现象。

(5)改变试样槽位置让不同样品进入光路。

仪器标准配置中试样槽架是四位置的,用仪器前面的试样槽拉杆来改变,打开样品室盖以便观察样品槽中的样品位置。最靠近测试者的为“0”位置,依次为“1”“2”“3”位置。对应拉杆推向最内为“0”位置,依次向外拉出相应的“1”“2”“3”位置,当拉杆到位时有定位感,到位时请前后轻轻推动一下以确保定位准确。

(6)确定滤光片位置。

仪器备有减少杂光、提高 340 ~ 380 nm 波段光度准确性的滤光片,位于样品室内侧,用一拨杆来改变位置。当测试波长在 340 ~ 380 nm 波段内作高精度测试时,可将拨杆推向前(见机内印字指示),通常可不使用此滤光片,可将拨杆置于 400 ~ 1 000 nm 的位置上。注意如在 380 ~ 1 000 nm 波段测试时,误将拨杆置于 340 ~ 380 nm 波段,仪器将出现不正常现象,如噪声增加、不能调整 100% T 等。

(7)改变标尺。

各标尺间的转换用【模式】键操作并由“透射比”“吸光度”“浓度因子”“浓度直读”指示灯分别指示,开机初始状态为“透射比”,每按一次顺序循环。

2. 应用操作

(1)测定透明材料透射比的流程如下。

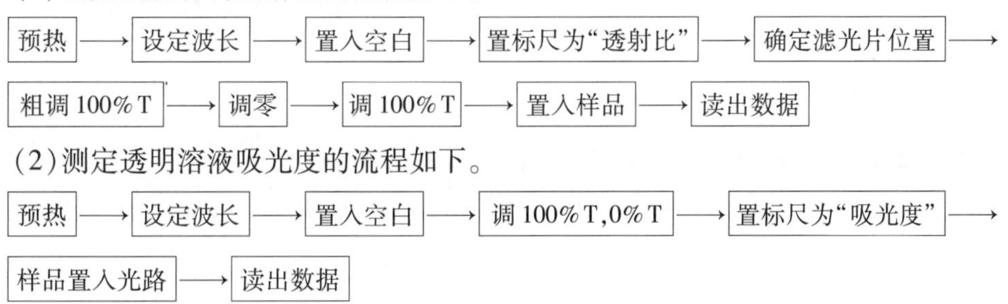

(2)测定透明溶液吸光度的流程如下。

(3)直接使用浓度直读功能。

当对象分析规程比较稳定,在标准曲线基本过原点的情况下,用户可不必采用较复杂的标准曲线法,而直接采用浓度直读法定量,本方法仅需配制一种浓度在用户要求定量浓度范围2/3 左右的标准样品,流程如下。

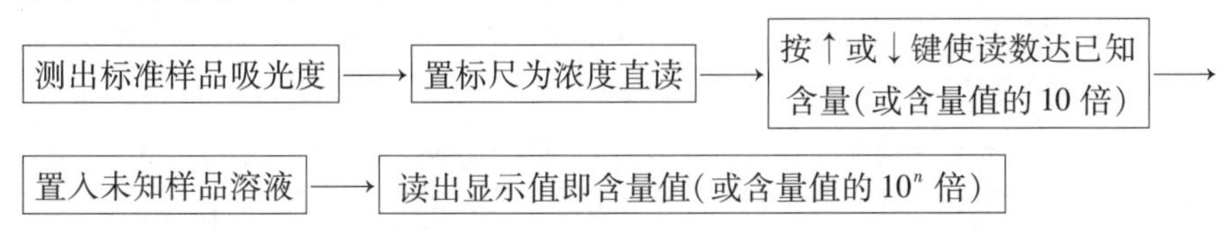

(4)直接使用浓度因子功能。

在上节执行第三步后如置标尺至“浓度因子”,在显示窗中出现的数字即这一标准样品的浓度因子,记录这一因子数,则在下次开机测试时不必重测已知标准样品,只需重输入这一因子即可直读浓度,具体流程如下。

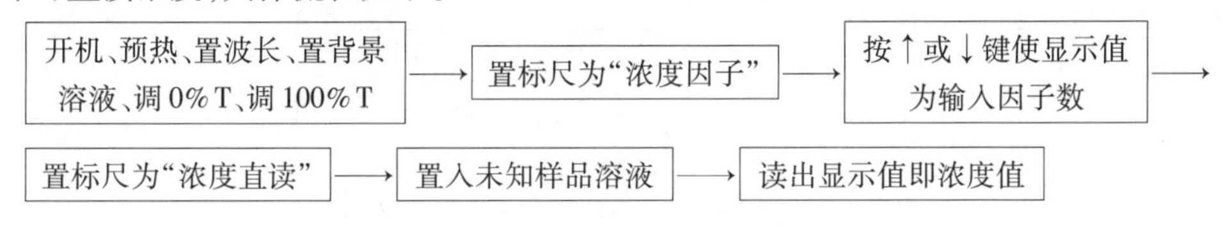

2.5 756MC 型紫外-可见分光光度计

2.5.1 仪器简介

目前,吸光光度分析已得到普遍应用。紫外吸收光谱分析可用来进行在紫外区范围有吸收峰的物质的检定及结构分析,其中主要是有机化合物的分析和检定,同分异构体的鉴别,物质结构的测定,等等。

紫外-可见分光光度计的可测波长范围一般为 200 ~ 800 nm,它的构造原理与可见分光光度计的构造原理相似。但为适应紫外光的性质,它与后者不同之处为:

(1)光源:有钨丝灯及氢灯(或氘灯)两种。可见光区(波长 360 ~ 1 000 nm)使用钨丝灯;紫外光区则用氢灯或氘灯。

(2)由于玻璃要吸收紫外光,因此单色器要用石英棱镜(或光栅),盛溶液的吸收池也用石英制成。

(3)检测器使用两只光电管,一只为氧化铯光电管,用于625~1 000 nm波长;另一只为锑铯光电管,用于200~625 nm波长。光电倍增管也为常用的检测器,其灵敏度比一般的光电管高2个数量级。

2.5.2 仪器构造

(1)756MC型紫外-可见分光光度计结构示意图如图2.16所示。

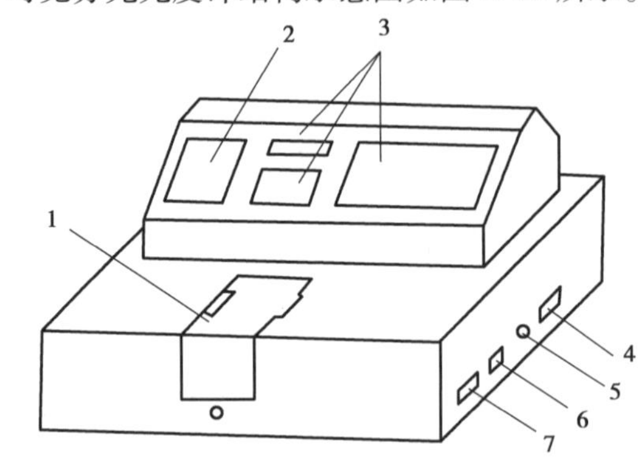

图2.16 756MC型紫外-可见分光光度计结构示意图

1—样品室;2—打印纸;3—键盘;4—电源插座;5—熔丝管;
6—电源开关;7—断电保护直流电源

(2)键盘:756MC型紫外-可见分光光度计的键盘如图2.17所示。

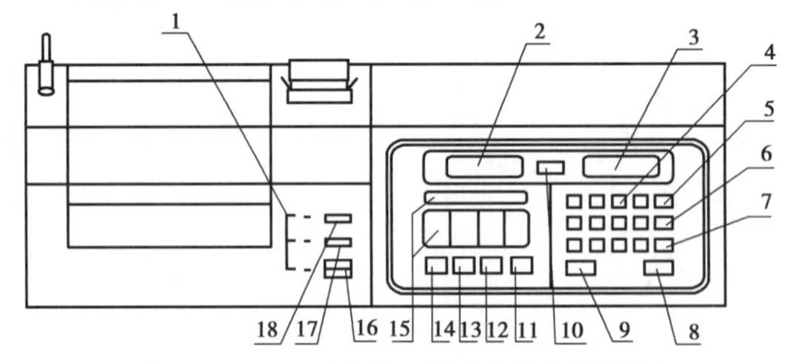

图2.17 756MC型紫外-可见分光光度计的键盘

1—打印机状态指示灯;2—数据显示窗;3—波长显示窗;4—数字键;5—GOTO λ 键;
6—功能键;7—改错键;8—输入键;9—开始/停止键;10—ABS0/(100%)键;
11—方式选择键;12—波长范围键;13—τ/A 范围键;14—τ/A 选择键;
15—工作状态指示灯;16—打印机电源开关;17—走纸键;18—联机走纸切换键

2.5.3 仪器操作步骤

(1)打开电源开关,预热30 min。

(2)仪器自动进入初始化。

①寻找零级光;

②建立基线;

③最后显示器指示220 nm。

(3)用数据(DATA)方式进行测定。

①设定“DATA”方式:按“MODE”键→输入“2”→按“ENTER”键。

②设定测定方式:按“τ/A”键,可输入1、2或3,再按“ENTER”键,相应选择透射比(T)、吸光度(ABS)或浓度(CON)三种不同的测定方式进行测定。

③设定测试波长:按“GOTOλ”键→输入“×××”(测试波长数值)→按“ENTER”键。

④调零:把参比溶液移入光路,按“ABS0/(100%)”键。

⑤测定:待测样品移入光路,按“START/STOP”键进入测定。

⑥打印所测数据。

(4)用扫描(SCAN)方式进行测定。

①设定“SCAN”方式:按“MODE”键→输入“1”→按“ENTER”键。

②设定扫描步长间隔:波长窗显示“1.000”→按“ENTER”键。

③设定“ABS”方式:按“τ/A”键→输入“2”→按“ENTER”键。

④设定起始波长和终止波长:按“λRANGE”键→输入“×××”(起始波长数值)→按“ENTER”键:→输入“×××”(终止波长数值)→按“ENTER”键。

⑤调零:把参比溶液移入光路,按“ABS0 100% T”键。

⑥测定:待测样品移入光路,按“START/STOP”键进入扫描。

⑦再次扫描测定:按“MODE”键→输入“2”→按“ENTER”键→按“MODE”→输入“1”→按“ENTER”键。

(5)寻找最大吸收波长λ_{max}。

①设定程序波长:按“FUNC”键→输入“80”→按“ENTER”键→输入“×××”(需要设定的程序波长数值1)→按“ENTER”键→输入“×××”(需要设定的程序波长数值2)→按“ENTER”键→……(最多可设定21个程序波长)→输入“0”,结束程序波长设定。

②波峰检测:按“FUNC”键→输入“21”→按“ENTER”键。

2.6 MC-960型荧光分光光度计

2.6.1 基本工作原理

MC-960型荧光分光光度计的基本工作原理图如图2.18所示。

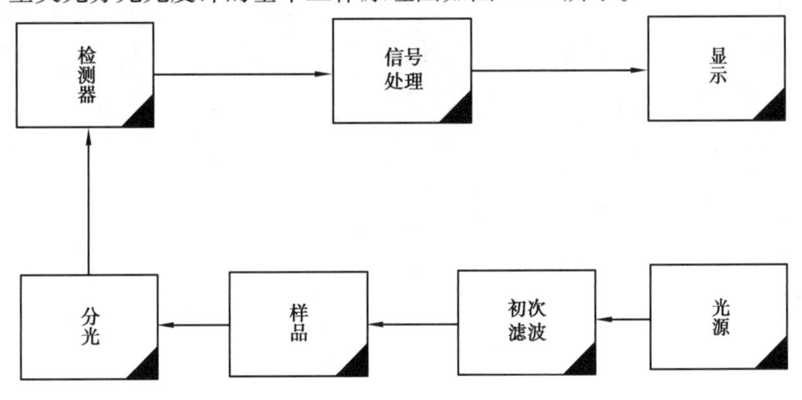

图2.18 仪器的基本工作原理图

物质在吸光之后会发射出波长较长的荧光。当光源辐射出的光束经滤光片后照射到样品池上，样品中的荧光物质吸收激发光后发生能量跃迁而发射荧光。荧光由大孔径非球面镜的聚光及光栅的分光色散后，照射于光电倍增管上，光电倍增管把光信号转换成电信号，电信号经放大送至计算机进行处理。然后再以数字显示或图谱打印的方式提供给用户。

所测得的荧光相对强度与荧光物质的本质（吸光能力、荧光效率）、荧光物质的浓度、入射光的强度以及检测器的放大倍数有关，上述关系可用下式表示：

$$F = KI\Phi A$$

式中 F——荧光相对强度；

K——与仪器增益（检测效率）有关的常数；

I——激发光强度；

Φ——荧光物质的荧光效率；

A——荧光物质的吸收光度。

当仪器的有关参数选定以及被测物质和介质条件确定后，所测定荧光的相对强度仅与 A 成正比，因而仪器可进行定性测试。对于不同的荧光物质具有不同的荧光光谱，只要进行发射光谱扫描，即可得到被测物的荧光光谱特性。

2.6.2 仪器结构

MC-960 型荧光分光光度计主机各部分示意图如图 2.19 所示。

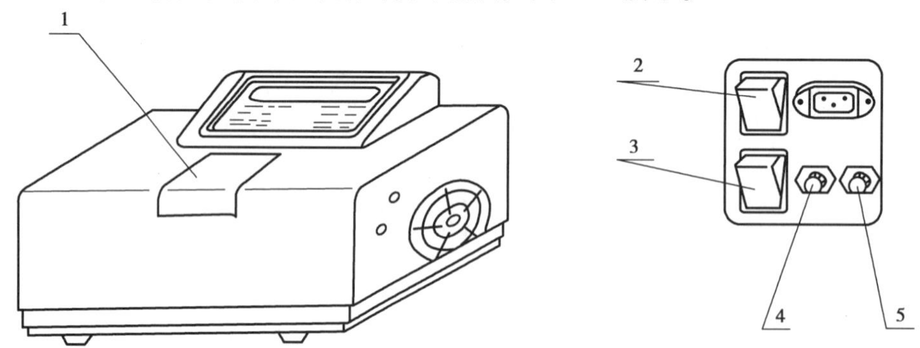

图 2.19 MC-960 型荧光分光光度计主机各部分示意图

1—样品室；2—主机电源开关；3—灯电源开关；4—主机电源保险丝；5—灯电源保险丝

MC-960 型荧光分光光度计样品室示意图如图 2.20 所示。

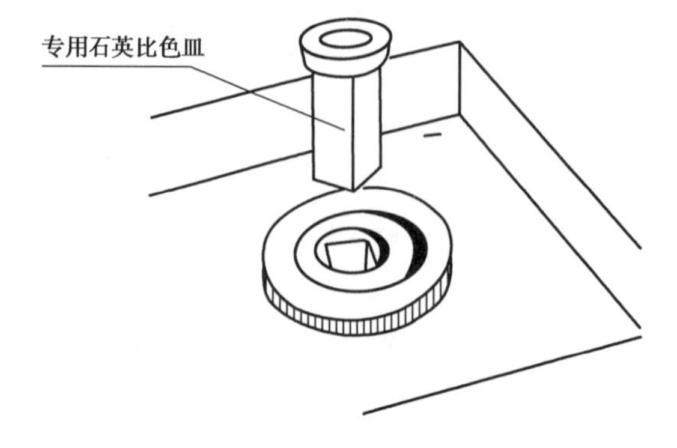

图 2.20 MC-960 型荧光分光光度计样品室

MC-960 型荧光分光光度计键盘如图 2.21 所示。

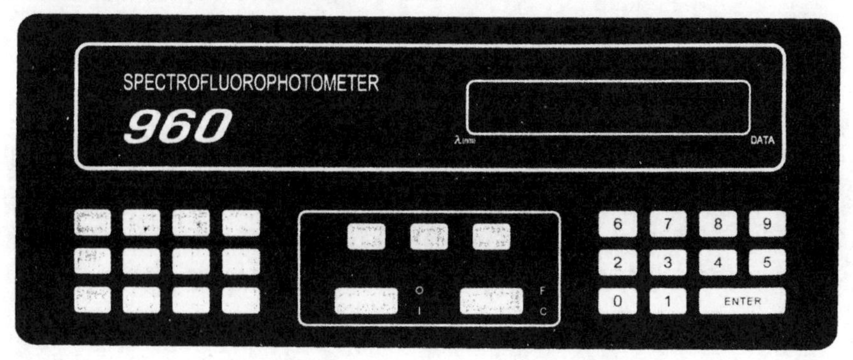

图 2.21　MC-960 型荧光分光光度计键盘

键盘分以下三部分：

①数字键:0 ~ 9、CE、ENTER。

②参数键:λ1(波长 1 键)、λ2(波长 2 键)、Y SCALE(纵轴键)、X SCALE(横轴键)、BLANK(空白键)、AUTO(自动量程键)、SENS(灵敏度键)、CONC(浓度键)。

③控制键:DATA(数值键)、SHUT(光门键)、PRINT(打印键)、SCAN(扫描键)、GOTO(定波长键)、STOP(停止键)、FUNCTION(功能键)。

2.6.3　应用操作

例如,定波长测定流程如下。

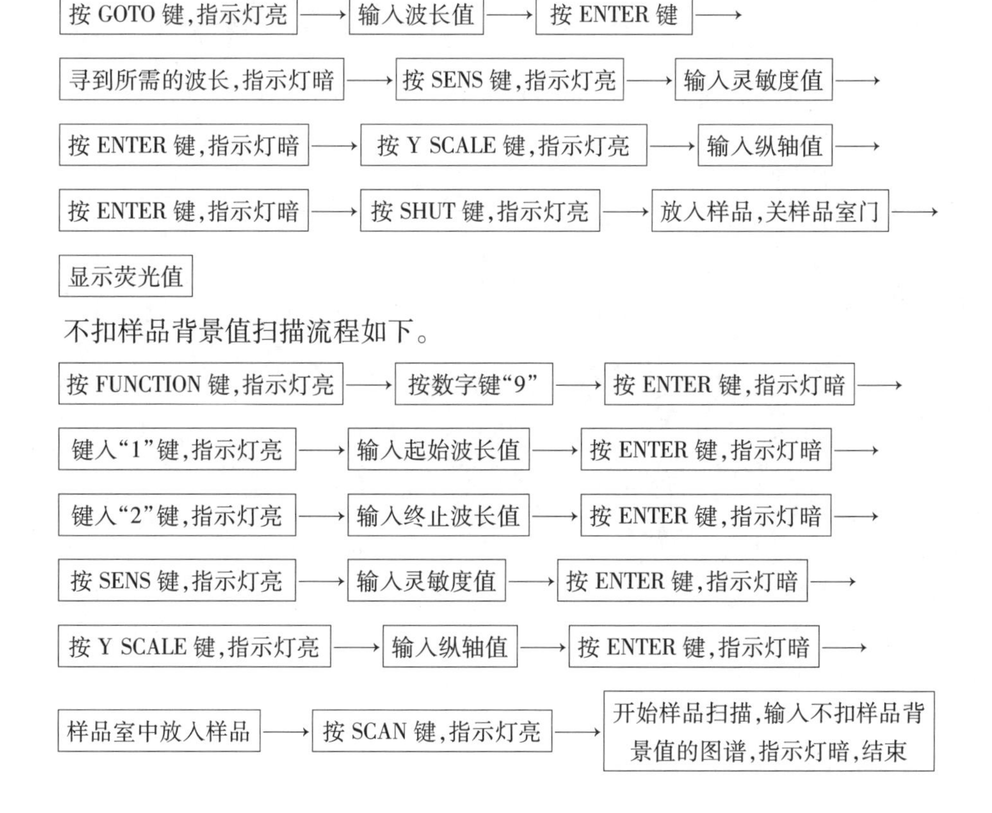

不扣样品背景值扫描流程如下。

2.7 XJP-821(C)型极谱仪

XJP-821(C)型极谱仪是一台多功能电分析仪器,可分别记录电流-电位(i-E)曲线、半微分(e-E)曲线、1.5次微分(e'-E)曲线、2.5次微分(e''-E)曲线及电流-时间(i-t)曲线;可进行单扫、循环伏安、溶出法、计时电流法测定,也可作为高压液相色谱和毛细管电泳电流检测器。利用极谱分析方法可对有关电解质溶液中电活性物质进行定性和定量分析。

2.7.1 仪器结构

1.仪器前面板

XJP-821(C)型极谱仪前面板示意图如图2.22所示。

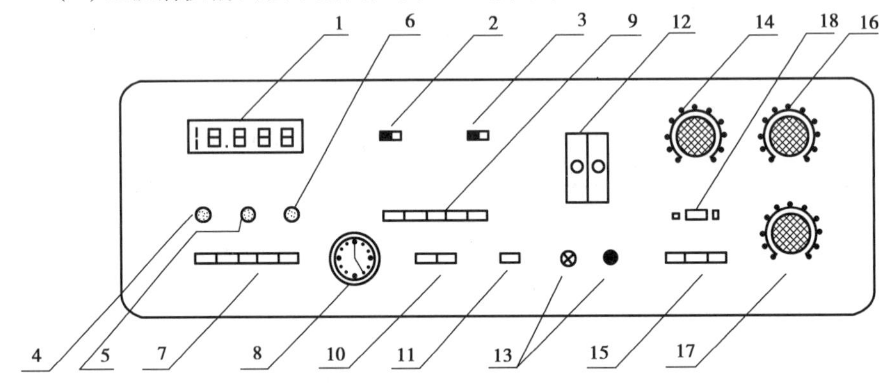

图2.22 XJP-821(C)型极谱仪前面板示意图

1——LED显示板。作为起始电位、上限电位、下限电位、电位调零(单位:V)以及电流值显示(电流量程所在挡单位)。

2——阳极、阴极扫描控制开关。

3——单扫、循环扫控制开关。

4——上限电位调节电位器。

5——起始电位调节电位器。

6——下限电位调节调节器。

7——上限、起始、下限、电流、调零选择开关。

8——调零电位器,正常时置于“5”,与调零选择开关7联用。

9——i-E、e-E等方法选择键开关。

10——停扫、扫描开关。

11——仪器与电极接通开关。

12——富集时间调节及指示。

13——富集触发及指示。

14——扫描速度(单位:mV/s)。

15——扫描速度倍率选择按键,与扫描速度14联用。

16——小电流量程选择器。

17——大电流量程选择器。

18——大电流量程和小电流量程切换开关。

2. 仪器后面板

XJP-821(C)型极谱仪后面板示意图如图 2.23 所示。

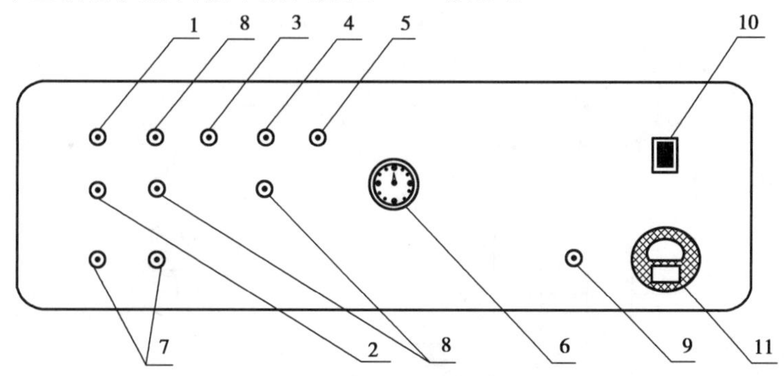

图 2.23　XJP-821(C)型极谱仪后面板示意图

1——X 轴接线端。

2——Y 轴接线端。

3——工作电极接线端。

4——参比电极接线端。

5——辅助电极接线端。

6——球形校正调节电位器,正常时置于“0”。

7——富集控制接线端。控制固体电极的旋转或悬汞电极、滴汞电极的搅拌。

8——仪器线路地线接线端,记录仪地线接线端、屏蔽线地线接线端。

9——仪器外壳地线接线端(接大地)。

10——电源开关。

11——220 V 交流电源插座,插座内有保险丝。

2.7.2　仪器系统的安装

XJP-821(C)型极谱仪与函数记录仪、电极系统安装图如图 2.24 所示,其中箭头表示鳄鱼夹。

2.7.3　仪器的使用

将仪器及记录仪、电极系统、氮气除氧装置等各部分正常连接好,接通电源 15 min 后进行调零。调零时先按下仪器前面板(图 2.22,下同)“7”中的调零按键,调整“8”,使仪器显示为 0.000,当选择不同电流量程挡时,应重新调节。调节的顺序为先低电流量程,后高电流量程。注意调零时,“7”中的调零按键始终按下。

例如,阴极扫描伏安法测定 Cd^{2+} 的流程如下。

(1)按下仪器前面板“7”中的【起始】按键,调节起始电位器,使 LED 显示为 -0.1 V。

(2)按下仪器前面板“7”中的【上限】按键,调节上限电位器,使 LED 显示为 -1.0 V。

(3)按下仪器前面板“7”中的【下限】按键,调节下限电位器,使 LED 显示为 0.0 V。按下

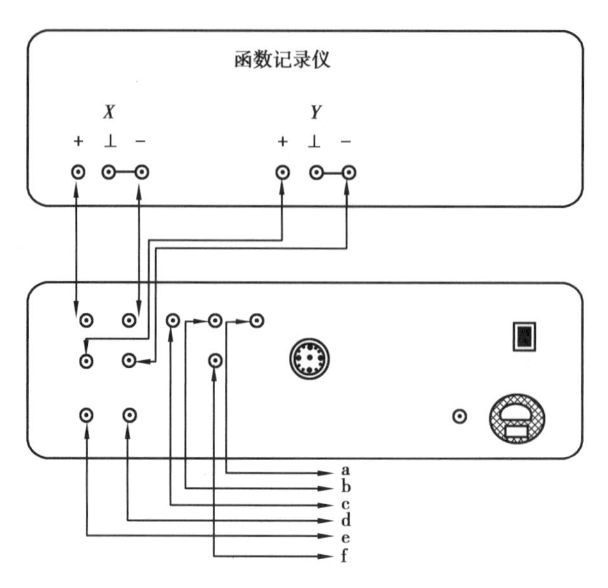

图 2.24 XJP-821(C)型极谱仪与函数记录仪、电极系统安装图

a—接辅助电极;b—接参比电极;c—接工作电极;d,e—接富集控制键;f—接地端

仪器前面板“7”中的【起始】按键,扫描时可以观察扫描电位变化。

(4)将仪器前面板中的扫描控制开关“2”拨至“阴”。开关“3”拨至“单扫”,按下记录选择开关“9”i-E 挡。

(5)扫描速度旋钮“14”拨至 6 mV/s 挡,扫描倍率开关置于 ×10 挡,此时扫描速度为 60 mV/s。

(6)用电流量程切换开关“18”选择大电流挡,大电流挡“17”选择 20 μA 挡。

(7)*X*-*Y* 函数记录仪选择 *X* 轴 100 mV/cm,*Y* 轴选择 100 mV/cm。

(8)将经过 1∶1硝酸浸泡过的电解池用去离子水洗净后,加入 10 mL 0.1 mol/L KNO_3 溶液,其中含 5×10^{-5} mol/L Cd^{2+}。以 1 mol/L KCl 为参比溶液,Ag/AgCl 为参比电极。将悬汞电极插入电解池内,旋出一定大小汞滴,一般为 40 ~ 60 格。

(9)通高纯氮除氧 5 min 后,静置 30 s。

(10)按下电极接通开关“11”,按一下【扫描】键“10”,此时在 *X*-*Y* 函数记录仪上就记录一个 Cd^{2+} *i*-*E* 曲线,如图 2.25 所示。

(11)按一下【停扫】键“10”,记录笔回到起始位置。LED 显示器回到起始电位。

(12)实验过程中,可根据波形的大小改变电流量程,或改变 *X*-*Y* 函数记录仪量程,得到一个满意的极谱图。

(13)下一次扫描只需再按下仪器前面板上仪器与电极接通开关“11”,按一下【扫描】键“10”。

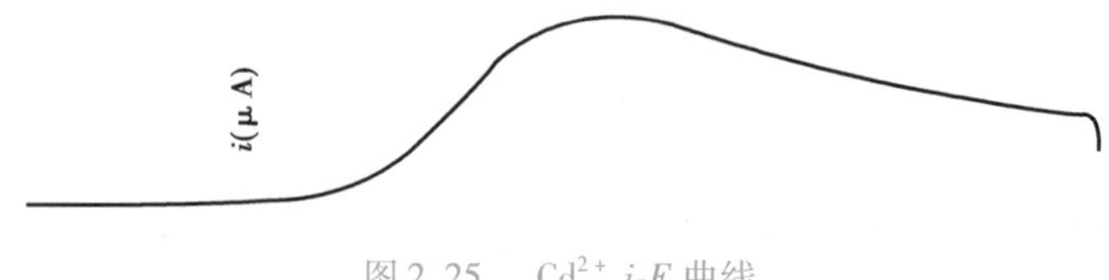

图 2.25 Cd^{2+} *i*-*E* 曲线

2.8 pHS-3C 型精密 pH 计

酸度计(又称 pH 计)是测定液体 pH 值最常见的仪器之一。下面介绍的 pHS-3C 型 pH 计是一台精密数字显示 pH 计,它适用于测定水溶液的 pH 值和电位(mV)值。

2.8.1 仪器面板

pHS-3C 型精密 pH 计示意图如图 2.26 所示。

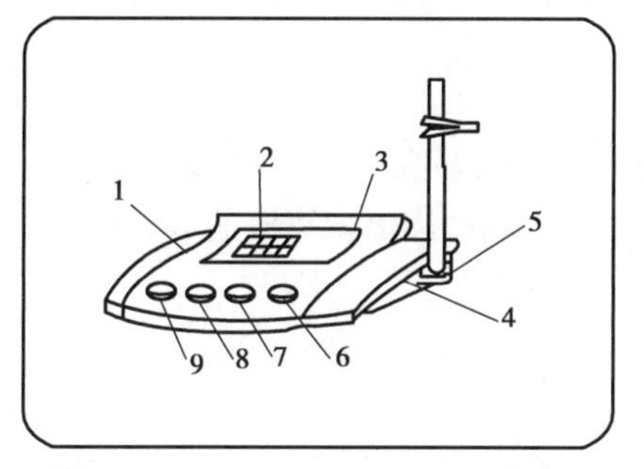

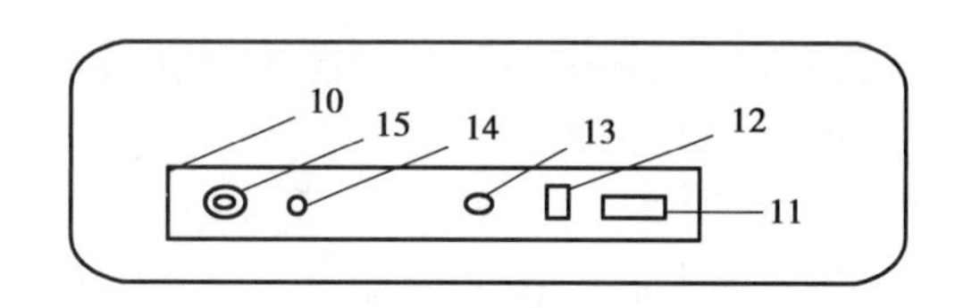

图 2.26 pHS-3C 型精密 pH 计示意图

1—机箱盖;2—显示屏;3—面板;4—机箱底;5—电极梗插座;6—定位调节旋钮;7—斜率补偿调节旋钮;8—温度补偿调节旋钮;9—选择开关旋钮(pH、mV);10—仪器后面板;11—电源插座;12—电源开关;13—保险丝;14—参比电极接口;15—测量电极插座

2.8.2 操作步骤

1. 开机

(1)电源线插入电源插座。

(2)按下电源开关,电源接通后,预热 30 min,接着进行标定。

2. 标定

仪器使用前,先要标定。一般说来,仪器在连续使用时,每天要标定一次。

(1)把选择开关旋钮调到 pH 挡。

(2)调节温度补偿调节旋钮,使旋钮白线对准溶液温度值。

(3)把斜率调节旋钮顺时针旋到底,即调到 100% 位置。

(4)把用蒸馏水清洗过的电极插入 pH = 6.86 的缓冲溶液中。

(5)调节定位调节旋钮,使仪器显示读数与该缓冲溶液当时温度下的 pH 值相一致(如用混合磷酸盐定位温度为 10 ℃时,pH = 6.9)。

(6)用蒸馏水清洗电极,再插入 pH = 4.00(或 pH = 9.18)的标准缓冲溶液中,调节斜率补偿调节旋钮使仪器显示读数与该缓冲液当时温度下的 pH 值一致。

(7)重复(4)—(6)直至不用再调节定位调节旋钮或斜率补偿调节旋钮为止。

(8)仪器完成标定。

注意:经标定后,定位调节旋钮及斜率补偿调节旋钮不应再有变动。

标定的缓冲溶液第一次应用 pH = 6.86 的溶液,第二次应用 pH 值接近被测溶液 pH 值的缓冲液，如被测溶液为酸性，则缓冲溶液应选 pH =4.00 的缓冲溶液；如被测溶液为碱性，则应选 pH =9.18 的缓冲溶液。一般情况下，在 24 h 内仪器不需再标定。

3. 测量 pH 值

经标定的仪器，即可用来测量被测溶液的 pH 值，测量步骤因被测溶液与标定溶液温度相同与否而异。

(1) 被测溶液与标定溶液温度相同时，测量步骤如下。

①用蒸馏水清洗电极头部，再用被测溶液清洗一次。

②把电极浸入被测溶液中，用玻璃棒搅拌溶液使其均匀，在显示屏上读出溶液的 pH 值。

(2) 被测溶液和标定溶液温度不同时，测量步骤如下。

①用蒸馏水清洗电极头部，再用被测溶液清洗一次。

②用温度计测出被测溶液的温度。

③调节温度补偿调节旋钮“8”，使白线对准被测溶液的温度值。

④把电极插入被测溶液内，用玻璃棒搅拌溶液，使其均匀后读出该溶液的 pH 值。

4. 测量电极电位(mV)值

(1) 把离子电极或金属电极和参比电极夹在电极架上(电极夹选配)。

(2) 用蒸馏水清洗电极头部，再用被测溶液清洗一次。

(3) 把电极转换器的插头插入仪器后部的测量电极插座“15”处；把离子电极的插头插入转换器的插座处。

(4) 把参比电极接入仪器后部的参比电极接口“14”处。

(5) 把两种电极插在被测溶液内，将溶液搅拌均匀后，即可在显示屏上读出该离子电极的电极电位(mV 值)，还可自动显示正负极性。

(6) 如果被测信号超出仪器的测量范围，或测量端开路时，显示屏会不亮，作超载报警。

(7) 使用金属电极测量电极电位时，用带夹子的 Q9 插头，Q9 插头接入测量电极插座“15”处，夹子与金属电极导线相接，参比电极接入参比电极接口“14”处。

2.9 GC-4000A 型气相色谱仪

2.9.1 气相色谱原理

气相色谱法是 20 世纪 50 年代初发展起来的一种分离分析新技术，它是以气体作为流动相的色谱分析方法。气相色谱柱效高，加之利用高灵敏度的检测器，因此它具有高效能、高选择性、高灵敏度、分析速度快等优点，广泛应用于有机化工、生物化学、环境保护、质量检测等各个领域。

气相色谱的原理是利用样品中的不同组分在气相(载气)和固定相(固体吸附剂或涂渍在载体上的固定液)中具有不同的分配系数，气化后的样品随载气进入色谱柱，各组分在固定相和流动的气相中进行连续的溶解、解吸，分配平衡过程不断重复，使各组分以不同速率流经色谱柱，从而达到很好的分离效果。根据不同组分的出峰时间和峰面积即可进行定性定量分析。由于固定液种类繁多，气-液色谱比气-固色谱应用广泛。

2.9.2 仪器结构

GC-4000A 型气相色谱仪是微计算机化的实验室多用途分析仪器,可以用于常量和痕量分析。对于沸点低于 400 ℃的热稳定性物质,根据分析任务的要求,选用适当的检测器、分析柱和其他部件,原则上均能分析。GC-4000A 型气相色谱仪主要由载气系统,分离系统,检测、记录和数据处理系统三大部分组成。

(1)载气系统:气源(如高压钢瓶)、减压阀、调压阀、压力表等流速控制和测量系统。

(2)分离系统:进样口、气化室、色谱柱、控温仪等。

(3)检测、记录和数据处理系统:检测器、放大器、记录仪和数据处理装置(微处理机)。

GC-4000A 型气相色谱仪结构示意图如图 2.27 所示。

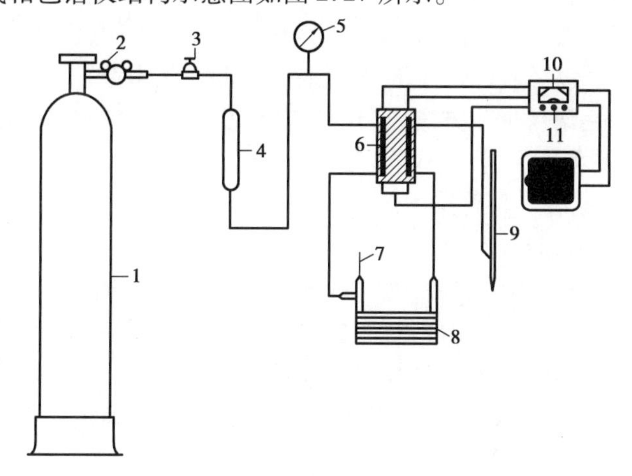

图 2.27 GC-4000A 型气相色谱仪结构示意图

1—高压钢瓶;2—减压阀;3—精密调压阀;4—净化干燥管;5—压力表;6—热导池;7—进样器;8—色谱柱;9—皂膜流速计;10—测量电桥;11—微处理机

2.9.3 仪器基本操作

1. GC-4000A 气相色谱仪(FID 检测器)及 A5000 色谱工作站

(1)通载气(N_2)。

检查仪器各部位,确保连接正确,各稳压阀、针形阀、减压表处于关断位置。开启氮气钢瓶总阀,调节减压阀使分压指示为 0.35 MPa,再调节支路上的稳流阀至流量达所需值。

(2)开机。

打开电源开关,按下"编程"按钮,设置柱箱、气化、检测器温度,并启动"运行",开始加热。

(3)通燃气和助燃气。

待各控温点温度均达设定值后,开启氢气钢瓶总阀,减压阀开至 0.30 MPa,再调节支路上稳流阀至流量达所需值。打开空气钢瓶总阀,调节稳压阀使压力表指示为 0.15 MPa,然后调节支路上稳流阀至流量达所需值。

(4)点火。

将"高阻"置于低挡,按下点火开关(7 ~8 s),完成点火后,将"高阻"置于合适挡位。

(5)启动 A5000 色谱工作站。

单击“采样(E)”菜单,按“采样设置”,选择“B”通道,电平范围根据基线位置确定,设定采样时间、采样速率(1 最快,10 最慢)、数据文件名,参数文件名……按“确定”即打开本通道的采样窗口;单击“方法(M)”菜单,设定检测器等各项值,按“确定”结束工作站设置。启动“采样”,待系统稳定(基线平直)后,按“结束 B”。

(6)分析。

进样,按启动键(进样口侧面)。采样自动结束后,保存数据,单击“定量计算”菜单,选择方法菜单项,计算分析结果。打印并生成分析报告,关闭色谱数据工作站。

(7)关气、关机。

实验完毕,关断氢气、空气总阀(顺时针转动),让火焰熄灭;按“停止”键,打开机箱门散热、降温;待氢气、空气压力表指针回零后,逆时针转动钢瓶针形阀,使其关闭;待柱箱温度接近室温,再关掉电源,关氮气总阀,待氮气压力表指针回零后,关闭氮气钢瓶针形阀。

2. GC-4000A 气相色谱仪使用方法(TCD 检测器)及 A5000 色谱工作站

(1)打开载气源,测载气流速,使柱前压达到设定值。

(2)通气约 5 min,让载气将管路中的空气置换完全后,打开电源,设置各项温度参数(参照说明书),让仪器加热升温。

(3)设定桥温,待池体温度稳定后,先将热导衰减放在 8—9 挡,然后打开桥流开关。

(4)打开 A5000 色谱工作站,采样设置选择“A”通道,电平范围根据基线位置确定,设定采样时间、采样速率(1 最快,10 最慢)、数据文件名、参数文件名……按“确定”即打开本通道的采样窗口;单击“方法(M)”菜单,设定检测器等各项值,按“确定”结束工作站设置。启动“采样”,待系统稳定(基线平直)后,按“结束 A”。

(5)待系统稳定后(基线平直),才可进行性能测试或试样分析。

(6)分析结束,先关掉桥流开关,再按“总清”停止运行;打开箱门,等温度降至 100 ℃以下后,关断载气;温度降至室温左右,再关断电源。

注意事项如下。

①氢气是易燃易爆气体,用它作载气时必须把它排到室外。

②TCD 和载气系统必须有良好的密封性,以保证基线稳定,防止氧气扩散到 TCD 中。

③不通载气,绝对不加桥流。停机时,池体温度下降到 100 ℃以下后再停载气。

④在更换注射垫和色谱柱时,必须先关断桥流开关。

⑤尽量避免分析活性很强的化合物,如氯化氢等卤化物,否则可能引起热丝腐蚀。

⑥桥温设置:载气不同,热导池温度不同,桥温设置就不同(桥温-桥流曲线如图 2.28 所示)。

用氢气作载气时,如池体温度在 150 ℃以下,桥流一般不超过 260 mA,即桥温不超过 210 ℃;池体温度在 150 ℃以上,桥流一般不超过 240 mA,即桥温不超过 240 ℃。用氮气作载气时,如池体温度在 150 ℃以下,桥流一般不超过 140 mA,即桥温不超过 290 ℃,池体温度在 150 ℃以上,桥流一般不超过 135 mA,即桥温不超过 340 ℃。在设置桥温时,要注意不同载气情况下的桥温-桥流曲线,如桥温设置太高,则容易使热导元件过载,造成 TCD 调零电位器不起作用(不能调零)。

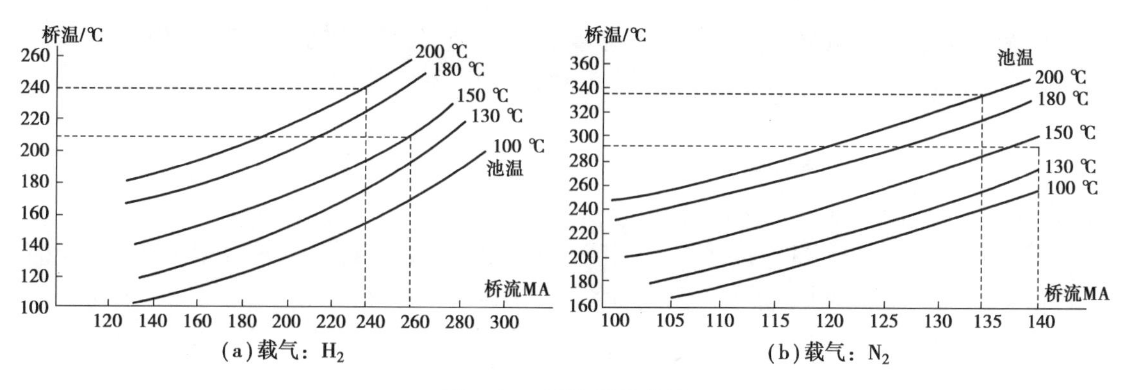

图 2.28　桥温-桥流曲线

2.9.4　气相色谱分析

1. 定性分析

利用保留时间进行定性分析是气相色谱定性分析常用的方法。在相同操作条件下，一个化合物在同一台色谱仪中的保留时间是一常数。当样品中某一组分与已经标准样品的保留时间相同时，可以初步判断该组分与标准样品可能为同一化合物。但有一些化合物由于结构相近，沸点相同，可以在一定色谱操作条件下具有相同的保留时间，所以不能完全肯定它们是同一化合物。为此，用保留时间定性时，常常利用两根或两根以上不同性质的色谱柱进行分析。如果在不同的色谱柱上，未知样品某一组分的保留时间与已知样品的保留时间相同，则一般可以断定为同一化合物。

2. 定量分析

在一定范围内，色谱峰的峰面积(A_i)与样品组分的含量(W_i)或浓度呈线性关系：

$$W_i = f_i \cdot A_i \tag{1}$$

式中 f_i 为校正因子，表示单位峰面积所代表的组分的量：

$$f_i = \frac{W_i}{A} \tag{2}$$

峰面积 A_i 的粗略测量方法是将色谱峰近似地看作一个三角形：

$$A_i = h_i \cdot \frac{\Delta t_i}{2}$$

其中，h_i 为组分(i)的色谱峰峰高，$\Delta t_{1/2}$ 为半峰宽。现在一般色谱仪都配置微处理机，通过积分计算出各色谱峰的峰面积。

同一物质在不同的检测器上有不同的响应值，即 f_i 不同；不同物质在同一检测器上的响应值也不相同。为了使响应值(峰面积)真正反映物质的量，必须测定每一组分的校正因子。在式(1)、(2)中，f_i 为绝对校正因子。测定一个化合物的绝对校正因子 f_i，需要准确进一定量的纯样品，通过测定其峰面积求出该化合物的绝对校正因子。由于人工操作进样容易出现误差，在定量分析中常常使用相对校正因子(f'_i)。相对校正因子是样品中某一组分的绝对校正因子(f_i)与标准物的绝对校正因子(f_s)之比，即

$$f'_i = \frac{f_i}{f_s}$$

将待测物质(纯)与标准物质配成一定浓度的溶液,进样,分别测出其峰面积,则

$$f'_i=\frac{f_i}{f_s}=\frac{W_i/A_i}{W_s/A_s}=\frac{W_iA_s}{W_sA_i}=\frac{C_iVA_s}{C_sVA_i}=\frac{C_iA_s}{C_sA_i}$$

其中 C_i、C_s 为溶液中待测物质与标准物质的浓度,这样可求出相对校正因子 f'_i,避免了操作引起的误差。

测定样品中某一组分(i)的含量可采用归一化法,使用归一化法要求样品中所有的组分都得到有效分离,完全显示出色谱峰并测定出各组分的相对校正因子,则

$$W_i(\%)=\frac{A_if'_i}{A_1f'_1+A_2f'_2+\cdots+A_nf'_n}\times 100\%$$

式中,$A_1,\cdots,A_n$ 分别为样品中各组分的峰面积,$f'_1,\cdots,f'_n$分别为样品中各组分的相对校正因子。

另外,还可以采用内标法、外标法对化合物进行定量分析。内标法是测定样品中某一组分或某几个组分的含量时,把一定量的某一纯物质加入样品作为内标物,然后进行色谱分析,从而测定内标物的峰面积和所要测定组分的峰面积与相对响应值,即可求出待测组分在样品中的含量。外标法则是对配制的已知浓度的标准物进行色谱分析,作出峰面积(峰高)和浓度的标准曲线(或校正值),然后在完全相同的条件下注入同样量的被分析物,得到相应的峰面积(峰高),根据上述标准曲线或校正值计算被分析样品的浓度。

3. 注射器及进样操作

气相色谱法中常用注射器手动进样,气体试样一般使用 0.25,1,2.5 mL 等规格的医用注射器。液体试样则使用 1,10,50 μL 等规格的微量注射器。

1)微量注射器的结构与性能

微量注射器是很精密的器件,精度高,误差小于 ±5%,气密性达 1.96×10^5 Pa(21 kg · cm^{-2}),它由玻璃和不锈钢材料制成,其结构如图 2.29 所示。其中图 2.29(a)是有死角的固定针尖式注射器,10 ~ 100 μL 容量的注射器采用这种结构。它的针头有寄存容量,吸取溶液时,容量会比标定值增加 1.5 μL 左右。图 2.29(b)是无死角的注射器,与针尖连接的针尖螺母可旋下,紧靠针尖部位垫有硅橡胶垫圈,以保证注射器的气密性。注射器芯子是直径为 0.1 ~ 0.15 mm 的不锈钢丝,直接通到针尖,不会出现寄存容量,0.5 ~ 1 μL 的微量注射器采用这一结构。

2)微量注射器使用注意事项

(1)微量注射器是易碎器械,使用时应多加小心。不用时要洗净放入盒内,不要随便玩弄,来回空抽,特别是不要在注射器未干的情况下来回拉动,否则会严重磨损,损坏其气密性,降低其准确度。

(2)注射器在使用前后都须用丙酮等溶剂清洗,当试样中高沸点物质玷污注射器时,一般可用 5% 氢氧化钠水溶液、蒸馏水、丙酮、氯仿依次清洗。最后用泵抽干,不宜使用强碱性溶液洗涤。

(3)对图 2.29(a)所示的注射器,如遇针尖堵塞,宜用直径为 0.1 mm 的细钢丝耐心穿通,不能用火烧的办法,防止针尖因退火而失去穿戳能力。

(4)若不慎将注射器芯子全部拉出,则应根据其结构小心装回。

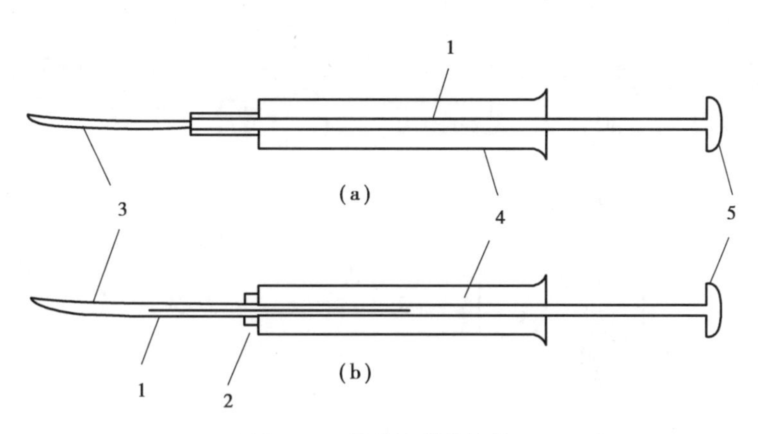

图 2.29 微量注射器结构

1—不锈钢丝芯子;2—硅橡胶垫圈;3—针头;4—玻璃管;5—顶盖

3)注射器进样的操作要点

进样操作是用注射器取定量试样,由针头并通过进样器的硅橡胶密封垫圈,注入试样。此法进样的优点是使用灵活,缺点是重复性差。相对误差在 2% ~5%。硅橡胶密封垫圈在几十次进样后,容易漏气,须及时更换。

用注射器取液体试样,应先用少量试样洗涤几次,或将针尖插入试样反复抽排几次,再慢慢抽入试样,并稍多于需要量。如内有气泡,则将针头朝上,使气泡上升排出,再将过量的试样排出,最后用无棉纤维纸,如擦镜纸,吸去针头外所沾试样。注意:切勿使针头内的试样流失。

取气体试样也应先洗涤注射器。取样时,应将注射器插入有一定压力的试样气体容器中,使注射器芯子慢慢自动顶出,直至所需体积,以保证取样正确。

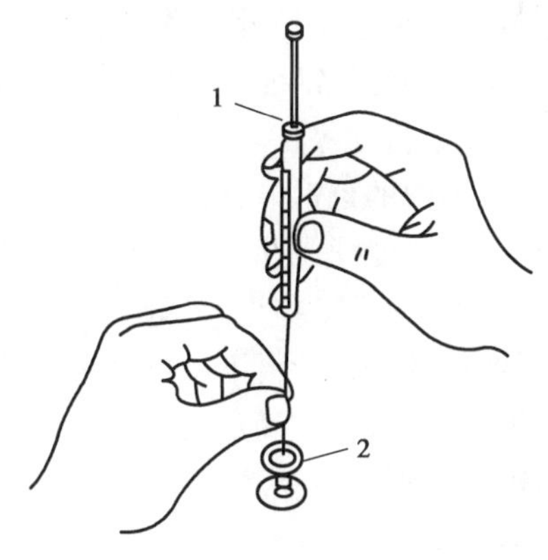

图 2.30 微量注射器进样

1—微量注射器;2—进样口

取好样后应立即进样。进样时,注射器应与进样口垂直,如图 2.30 所示,针头刺穿硅橡胶垫圈,插到底,紧接着迅速注入试样,完成后立即拔出注射器。整个动作应进行得稳当、连贯、迅速。针尖在进样器中的位置、插入速度、停留时间和拔出速度等都会影响进样的重复性,操作中应予注意。

2.10 ZD-2 型自动电位滴定仪

ZD-2 型自动电位滴定仪是电位分析中使用较广的一种仪器,可用来测量电动势和 pH 值,也可进行自动电位滴定。ZD-2(A)型自动电位滴定仪,应用控制电路控制滴定控制阀,在电极电位未达到需要值时,滴定管不断进行滴定,一旦电位达到规定值,滴定管就停止滴定。图 2.31为该仪器原理的方框示意图。

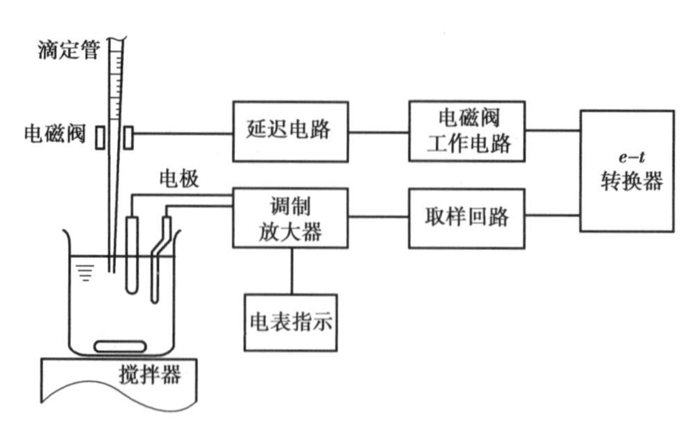

图 2.31　ZD-2(A)型自动电位滴定仪原理方框图

试液中被测离子的活(浓)度通过浸入试液的电极系统的电位响应值(指示电极与参比电极之间的电位差)反映出来,该电位值经调制放大器放大后,驱动直流电表指示出电压读数,同时也将直流信号送入取样回路,与预先设定的滴定终点电位值相比较,所得差值进入 *e-t* 转换器,后者为一开关电路,它可以按比例地将差值转换成短路脉冲。从而操纵电磁阀的吸液动作。当差值较大时,距离滴定终点尚远,转换的短路脉冲持续时间较长,滴定剂流过的量也较多,随着滴定过程趋近于终点,直流信号与设定的终点电位值之差逐渐变小,转换成的短路脉冲持续时间也逐渐缩短,因而滴定剂流过的量也渐少,到达滴定终点时,差值为零,电磁阀随之关闭,滴定自动停止。

仪器中的延迟电路是为了防止出现滴定过头情况而设计的,当滴定到达终点后,在 10 s 内电位不再变化,这时保证反应已达到平衡,延迟电路将自动切断电磁阀的电源,而使其关闭。此后,即使由于某些原因,电表指示值偏离终点,也不应再有滴定剂滴进试液,从而保证滴定分析的准确性。需分析下一份试液时,可由按钮启动,使电磁阀重新进入工作状态。

采用自动电位滴定仪进行分析测定,尤其是大批量的常规分析,可以提高工作效率,减轻劳动强度,但是自动滴定所得结果不会比人工电位滴定的结果更准确。

ZD-2(A)型自动电位滴定仪的正面图及各部位名称如图 2.32 所示。

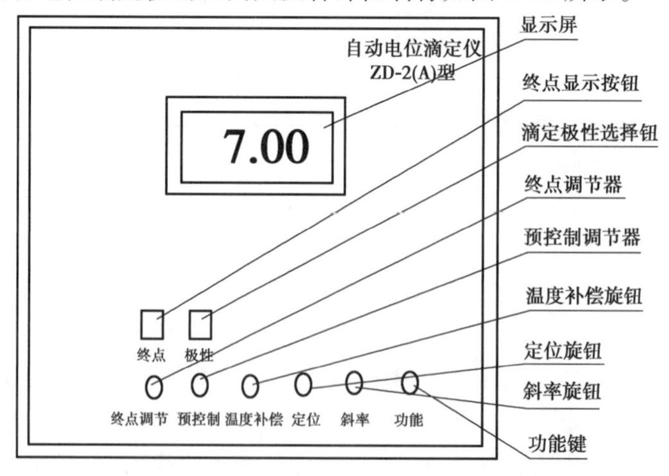

图 2.32　ZD-2(A)型自动电位滴定仪的正面图及各部位名称

ZD-2(A)型自动电位滴定仪的侧面图及各部位名称如图 2.33 所示。

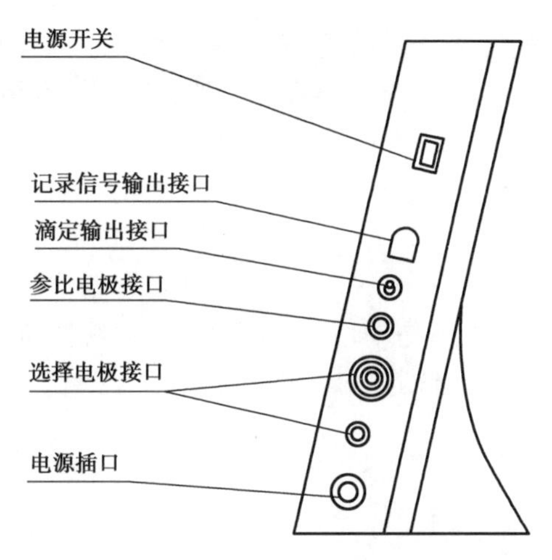

图 2.33　ZD-2(A)型自动电位滴定仪的侧面图及各部位名称

ZD-2(A)型自动电位滴定仪的滴定装置、支杆和滴定控制阀如图 2.34 所示。

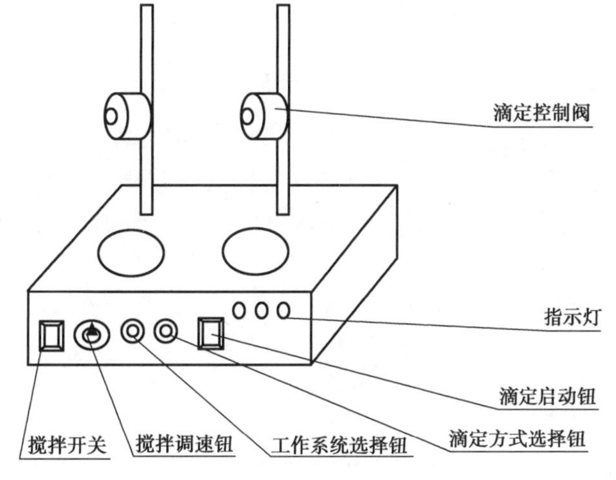

图 2.34　ZD-2(A)型自动电位滴定仪的滴定装置、支杆和滴定控制阀

ZD-2(A)型自动电位滴定仪的背面 2.35 所示。

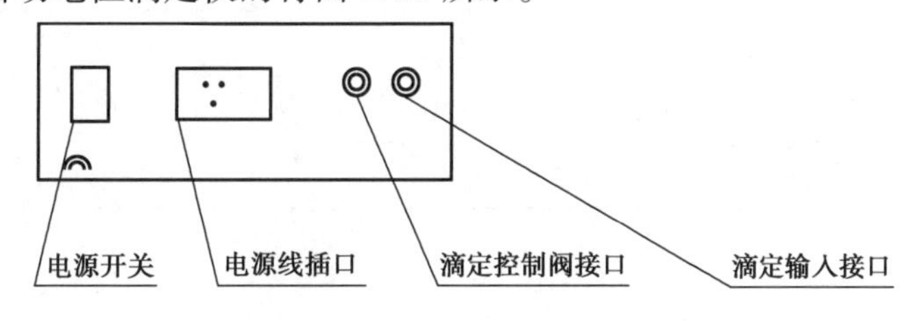

图 2.35　ZD-2(A)型自动电位滴定仪的背面

现以自动电位滴定的过程为例,说明仪器操作步骤。

2.10.1　仪器标定

新启用的、闲置不用后重新启用的、调换了新测量电极的以及当其他需要标定情况下的仪器,在测量(或滴定)pH 值前,需先行标定。本仪器两点标定:①定位标定;②斜率标定。当测量(或滴定)精度要求不高时,可只做定位标定,此时斜率旋钮置 100% 处。

(1)定位标定:把清洁(用去离子水清洗,并用滤纸吸干)的电极插入 pH = 7 的缓冲溶液中,温度补偿旋钮置溶液温度值,调节定位旋钮至仪器显示该标准溶液在其温度时的 pH 值。

(2)斜率标定:把清洁(用去离子水清洗,并用滤纸吸干)的电极插入 pH = 4(或 pH = 9)的缓冲溶液中,温度补偿旋钮置溶液温度值,调节斜率旋钮至仪器显示该标准溶液在其温度时的 pH 值。

标定结束,仪器待用。

注:斜率标定时,选用 pH = 4 还是 pH = 9 的缓冲溶液,视测量(或滴定终点)pH 值而定。斜率标准溶液应相对接近测量(或滴定终点)pH 值。

2.10.2 测量

仪器主机(测量仪器)单独使用。

功能键置测量段(测量 pH 或测量 mV),温度补偿钮置被测溶液温度值(测 pH 时),接上相应的清洁(用去离子水清洗,并用滤纸吸干)电极,并插入溶液。开机,仪器显示被测液值,并同步输出测量信号(可供记录仪记录)。

2.10.3 滴定

仪器主机(测量仪器)和滴定装置配套使用。安装滴定装置,固定滴定阀和滴定计量管,并置于适当高度,连接测量仪器和滴定装置的“滴定输出”与“滴定输入”,功能键置滴定段(滴定 pH 或滴定 mV)。温度补偿钮置被滴定试液温度值(滴定 pH 时)。打开电源开关。

1. 测量电极选择

测量电极(指示电极和参比电极)选择可参考表 2.1。

表 2.1 测量电极(指示电极和参比电极)选择

滴定内容	指示电极	参比电极
酸碱滴定	pH 复合电极	—
	pH 玻璃电极	甘汞电极
	锑电极	甘汞电极
氧化还原滴定	铂电极	甘汞电极
	铂电极	钨电极
卤素银盐滴定	银电极	甘汞电极(217 型)

2. 滴定操作

(1)一般(自动)滴定:滴定方式选择键置一般位置。清洗测量电极并接入仪器,插入被测液。滴液毛细管和测量电极置安装位置。毛细管和测量电极浸入溶液适当深度,毛细管出口略高于测量电极敏感部分,有利于提高滴定准确度。

①设置滴定终点值:按下终点显示钮,调节终点调节器至仪器显示所需设置滴定终点值。

②调节预控制调节器:预控制数大,确保不过滴,确保正确度。预控制数小,可节省滴定时间(通常一个最佳预控制数,操作人员在通过数次使用后,即能自主选择)。一般地,氧化还原滴定、强酸强碱滴定及沉淀滴定选较大预控制数;弱酸弱碱滴定选较小预控制数。预控制调节

器顺时针方向旋转,预控制数增大。

③终点显示按钮:仪器滴定时,按钮按下、放开均可,放开显示测量值,按下显示设置终点值。

④滴定极性选择:滴定起始时,电极电位小于预置终点电位值,选“+”;反之选“-”。选错极性,滴定控制阀打不开(滴定自动关闭)。

⑤开动电磁搅拌器:选择键置相应工作系统,1#为左侧搅拌器和滴定阀;2#为右侧搅拌器和滴定阀。打开搅拌器开关,搅拌指示灯亮,调节搅拌调速旋钮至所需搅拌速度。

⑥按下滴定启动阀,滴定开始。

⑦当滴定到达终点后,滴定阀终结关闭,终点指示灯亮,滴定指示灯灭。

⑧记录有关数据。

注:一般(自动)滴定方式时,滴定启动前,终点指示灯亮,此时表示等待。

(2)控制滴定:滴定方式选择键置控制位置。其余操作同一般(自动)滴定,只是滴定到达终点值后,滴定阀不终结关闭,而始终处于控制状态。

(3)手动滴定:滴定方式选择键置手动位置。此时测量仪器输出滴定信号对滴定装置不起作用。滴定装置可单独使用,故只需做滴定装置操作部分。

①选择调节好搅拌器和滴定阀。

②操作滴定启动钮:按下启动钮,开通滴定阀,滴定进行。放开启动钮,关闭滴定阀,滴定停止。

3

实验部分

实验一　分析天平的使用及称量练习

一、实验目的

(1)了解分析天平的构造、性能及使用规则,掌握分析天平的使用方法。

(2)学会正确的称量方法,初步掌握减量法的称量方法。

(3)正确运用有效数字作称量记录和计算。

二、实验原理

本实验采用电光分析天平,物体质量可以精确称量到0.1 mg,根据待称物质的性质不同,可采用直接称量法和减量称量法。

1. 直接称量法

对于不易吸湿、在空气中性质稳定的一些固体样品如金属、矿物等可采用直接称量法。其方法是:先准确称出表面皿(或小烧杯、称量纸等)的质量 m_1,然后用药匙将一定量的样品置于表面皿上,如图3.1所示,再准确称量出总质量 m_2,$(m_2 - m_1)$ 即为样品的质量;也可根据所需试样的质量,先放好砝码,再用药匙加样品,直至天平平衡。称量完毕,将样品全部转移到准备好的容器中。

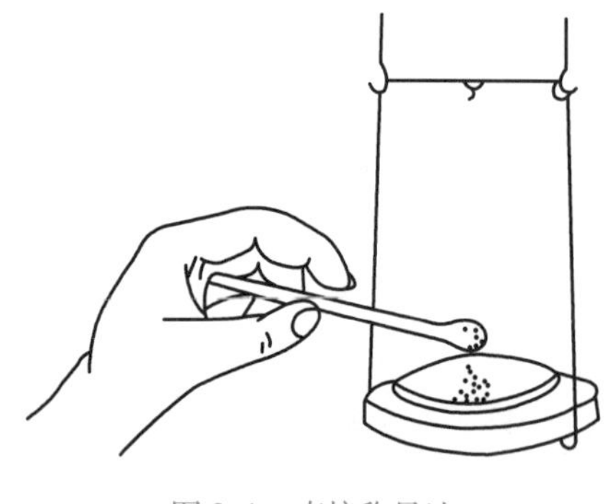
图3.1　直接称量法

2. 减量称量法

对于易吸湿、在空气中不稳定的样品宜用减量法进行称量。其方法是:先将待称样品置于洗净并烘干的称量瓶中,保存在干燥器中。称量时,从干燥器中取出称量瓶,准确称量(装有样品的称量瓶质量为 m_3),然后将称量瓶置于洗净的盛放试样的容器上方,用右手将瓶盖轻轻打开,将称量瓶倾斜,用瓶盖轻敲瓶口上方,使试样慢慢落入容器中,如图3.2所示。当倾出的试样已接近所需要的质量时，慢慢将瓶竖起，再用称量瓶瓶盖轻敲瓶口上部，使粘在瓶口和内壁的试样落在称量瓶或容器中，然后盖好瓶盖（上述操作都应在容器上方进行，防止试样丢失），将称量瓶再放回天平盘，准确称量，记下质量 m_4，$(m_3 - m_4)$ 即为样品的质量。如此继续进行，可称取多份试样。

三、实验仪器与试剂

图 3.2　倾倒试样的方法

仪器：电光分析天平、台天平、称量瓶、烧杯（50 mL）、表面皿、药匙等。

试剂：粉末试样（不吸湿，在空气中性质稳定）等。

四、实验步骤

1. 熟悉电光分析天平的结构

（1）了解电光分析天平的结构。

（2）熟悉电光分析天平各功能键的功能。

2. 电光分析天平称量练习

（1）差减法。

①取一只洁净、干燥的表面皿和从干燥器中取出一只装有粉末试样的称量瓶。

②在电光分析天平上精确称量表面皿，记录其质量为 m_1。

③取出表面皿（尽量使表面皿保持洁净）。在电光分析天平上精确称量装有粉末试样的称量瓶，记下其质量为 m_2。

④取出称量瓶，按图 3.2 的操作，将试样慢慢倾入上面已称准质量的表面皿中，要求倾出约 0.5 g 试样。然后，再准确称出称量瓶和剩余试样的质量，记为 m_3，表面皿中的试样质量应为 $(m_2 - m_3)$。

⑤在电光分析天平上精确称量装有试样的表面皿，记录其质量为 m_4。试对比 $(m_4 - m_1)$ 与 $(m_2 - m_3)$ 之值。

倾样时，由于学生初次称量，缺乏经验，很难一次称准所要求的试样量，因此可以先试称，即第一次倾出少量试样，并在电光分析天平上粗称此量，根据粗称的量估计不足的量为倾出量的几倍，继续倾出试样至所需的量，并准确称量。

例如：要求准确称量 0.5 g 左右试样，若第一次倾出为 0.24 g（此时不必称准至 0.1 mg，为什么？），则第二次应倾出与第一次相当的量，其总量即在所需要量的范围内。

（2）直接法。取一只洁净、干燥的表面皿于电光分析天平内，读数稳定后，按去皮键（Tar）。用药匙加入约 0.5 g 的试样后，记录其质量为 m_5，取出小烧杯，关闭天平。

（3）减量法。准确称量装有粉末试样的称量瓶，记录其质量为 m_6，取出称量瓶，按图 3.2 所示的操作，将试样慢慢倾入一只洁净、干燥的小烧杯中，要求倾出约 0.5 g 试样。然后，再准确称出称量瓶和剩余试样的质量，记为 m_7，小烧杯中的试样质量应为 $(m_6 - m_7)$。

实验完毕后，关闭天平，砝码复原位，将称量瓶放入干燥器内。

五、实验数据记录

1. 差减法

用差减法记录实验数据于表 3.1 中。

表 3.1　实验数据记录表(差减法)

称量项目	称物质量
表面皿	$m_1 =$　　　g
称量瓶 + 试样(倾出前)	$m_2 =$　　　g
称量瓶 + 试样(倾出后)	$m_3 =$　　　g
表面皿 + 试样	$m_4 =$　　　g
试样	$m_2 - m_3 =$　　　g $m_4 - m_1 =$　　　g

2. 直接法和减量法

用直接法和减量法记录实验数据于表 3.2 中。

表 3.2　实验数据记录表(直接法和减量法)

称量项目	称物质量
试样 1	$m_5 =$　　　g
称量瓶 + 试样(倾出前)	$m_6 =$　　　g
称量瓶 + 试样(倾出后)	$m_7 =$　　　g
试样 2	$m_6 - m_7 =$　　　g

六、思考题

(1)电光分析天平的灵敏度越高,称量的准确性是否也越高?

(2)直接称量法和减量称量法各有何不同? 各适宜什么情况下选用?

(3)用减量法称样时,若称量瓶内的试样吸湿,会对称量结果造成什么误差? 若试样倾入烧杯后再吸湿,对称量是否有影响? 为什么?(此问题是指一般的称量情况)。

(4)电光分析天平的各功能键的功能是什么?

实验二　工业纯碱总碱度的测定

一、实验目的

(1)了解基准物质碳酸钠及硼砂的分子式和化学性质。

(2)掌握 HCl 标准溶液的配制、标定过程。

(3)掌握强酸滴定二元弱碱的过程、突跃范围及指示剂的选择。

(4)掌握定量转移操作的基本要点。

二、实验原理

工业纯碱的主要成分为碳酸钠,商品名为苏打,其中可能还含有少量 NaCl、Na_2SO_4、NaOH 及 $NaHCO_3$ 等成分。以甲基橙为指示剂用盐酸标准溶液滴定时,除主要成分碳酸钠被中和外,其他碱性杂质如 NaOH 及 $NaHCO_3$等也被中和,所以用总碱度来衡量产品的质量。滴定反应方程式:

$$Na_2CO_3 + 2HCl \xlongequal{\quad} 2NaCl + H_2CO_3$$

$$H_2CO_3 \xlongequal{\quad} CO_2 \uparrow + H_2O$$

反应产物 H_2CO_3 易形成过饱和溶液并分解为 CO_2 逸出。化学计量点时溶液 pH 为3.8 至 3.9,可选用甲基橙为指示剂,用 HCl 标准溶液滴定,溶液由黄色转变为橙色即为终点。试样中 $NaHCO_3$ 同时被中和。

由于试样易吸收水分和 CO_2,应在 270 ~ 300 ℃将试样烘干 2 h,以除去吸附水并使 $NaHCO_3$ 全部转化为 Na_2CO_3,工业纯碱的总碱度通常以 $w(Na_2CO_3)$或 $w(Na_2O)$表示,由于试样均匀性较差,应称取较多试样,使其更具代表性。测定的允许误差可适当放宽一点。

三、实验仪器与试剂

(1)仪器:电子天平、称量瓶、滴定管、可调加液器、纯水滴瓶、250.0 mL 容量瓶、25.00 mL 移液管、小烧杯、玻璃棒、10 mL 量杯、锥形瓶等。

(2)试剂。

①HCl 溶液(0.2 mol/L)。配制时应在通风橱中操作。用量杯量取浓盐酸约 18 mL,倒入试剂瓶中,加水稀释至 1 L,充分摇匀。

②无水 Na_2CO_3。于 180 ℃干燥 2 ~3 h;也可将 $NaHCO_3$ 置于瓷坩埚内,在 270 ~300 ℃的烘箱内干燥 1 h,使之转变为 Na_2CO_3。然后放入干燥器内冷却后备用。

③甲基橙指示剂:1 g/L 水溶液。

④甲基橙-靛蓝二磺酸钠混合指示剂。将 1 g/L 甲基橙的水溶液与 2.5 g/L 靛蓝二磺酸钠水溶液以 1:1体积混合。

四、实验步骤

1.0.2 mol/L HCl 溶液的标定

用无水 Na_2CO_3 基准物质标定:用称量瓶准确称取 0.21 ~0.25 g 无水 Na_2CO_3 两份,分别倒入 250 mL 锥形瓶中。称量瓶称样时一定要带盖,以免吸湿。然后加入 20 ~30 mL 水使之溶解,再加入 1 ~2 滴甲基橙-靛蓝二磺酸钠指示剂,用待标定的 HCl 溶液滴定至溶液的黄绿色变为灰色或无色即为终点。若滴定过量,则溶液颜色为紫色。注意观察终点颜色并学会使用混合指示剂。计算 HCl 溶液的浓度。

2. 总碱度的测定

准确称取试样约 2 g 倾入小烧杯中,加少量水使其溶解,必要时可稍加热促进溶解。冷却后,将溶液定量转入 250 mL 容量瓶中,加水稀释至刻度,充分摇匀静置待用。平行移取试液

25.00 mL 三份于锥形瓶中，加入 1 ~ 2 滴甲基橙-靛蓝二磺酸钠指示剂，用 HCl 标准溶液滴定溶液由黄绿色变为灰色或无色即为终点。计算试样中 Na_2O 或 Na_2CO_3 的含量，即为总碱度。测定的各次相对偏差应在 ±0.5% 以内。

五、实验数据记录

1. 标定 HCl 溶液

$m_{Ⅰ}(Na_2CO_3)$ = ________ g；　　$m_{Ⅱ}(Na_2CO_3)$ = ________ g；

$m_{Ⅲ}(Na_2CO_3)$ = ________ g。

将实验数据填入表 3.3 中。

表 3.3　标定 HCl 溶液实验数据记录表

记录项目		Ⅰ	Ⅱ	Ⅲ
$V(HCl)$/mL	$V_{始}$			
	$V_{终}$			
	$V_{消耗}$			
$c(HCl)/(mol \cdot L^{-1})$	—			
平均值/$(mol \cdot L^{-1})$				

2. 总碱度的测定

$m_{样品}$ = ________ g。

将实验数据填入表 3.4 中。

表 3.4　总碱度的测定记录表

记录项目		Ⅰ	Ⅱ	Ⅲ
$V(HCl)$/mL	$V_{始}$			
	$V_{终}$			
	$V_{消耗}$			
$w(Na_2CO_3)$/%	—			
平均值/%				

六、思考题

(1) 为什么配制 0.2 mol/L HCl 溶液 1 L 需要量取浓 HCl 溶液 18 mL？写出计算式。

(2) 无水 Na_2CO_3 保存不当，吸收了 1% 的水分，用此基准物质标定 HCl 溶液浓度时，对其结果会产生何种影响？

(3) 甲基橙、甲基橙－靛蓝二磺酸钠混合指示剂的变色范围各为多少？混合指示剂优点是什么？

(4) 标定 HCl 的两种基准物质 Na_2CO_3 和 $Na_2B_4O_7 \cdot 10H_2O$ 各有哪些优缺点？

(5)在用 HCl 溶液滴定时,怎样使用甲基橙及酚酞两种指示剂来判别试样是由 NaOH-Na_2CO_3 或 Na_2CO_3-$NaHCO_3$ 组成的?

实验三 铋、铅含量的连续滴定

一、实验目的

(1)了解由调节酸度提高 EDTA 选择性的原理。
(2)掌握用 EDTA 进行连续滴定的方法。

二、实验原理

混合离子的滴定常用控制酸度法、掩蔽法进行,可根据有关副反应系数原理进行计算,论证对它们分别滴定的可能性。

Bi^{3+}、Pb^{2+}均能与 EDTA 形成稳定的1:1络合物,lg K 值分别为27.94 和18.04。由于两者的 lg K 值相差很大,故可利用酸效应控制不同的酸度,从而进行分别滴定。在 pH 值为 1 时滴定 Bi^{3+},在 pH 值为 5 ~6 时滴定 Pb^{2+}。

在 Bi^{3+}-Pb^{2+} 混合溶液中,首先调节溶液的 pH 值为 1,以二甲酚橙为指示剂,Bi^{3+} 与指示剂形成紫红色络合物(Pb^{2+} 在此条件下不会与二甲酚橙形成有色络合物),用 EDTA 标液滴定 Bi^{3+},当溶液由紫红色恰变为黄色,即为滴定 Bi^{3+} 的终点。

$$Bi^{3+} + H_2Y^{2-} = BiY^- + 2H^+$$

在滴定 Bi^{3+} 后的溶液中,加入六亚甲基四胺溶液,调节溶液 pH 值为 5 ~6,此时 Pb^{2+} 与二甲酚橙形成紫红色络合物,溶液再次呈现紫红色,然后用 EDTA 标液继续滴定,当溶液由紫红色恰转变为黄色时,即为滴定 Pb^{2+} 的终点。

$$Pb^{2+} + H_2Y^{2-} = PbY^{2-} + 2H^+$$

三、实验仪器与试剂

(1)仪器:移液管、锥形瓶、电子天平、烧杯、电炉等。
(2)试剂。
①EDTA 标液。
②二甲酚橙指示剂(2 g/L)。
③六亚甲基四胺溶液(200 g/L)。
④HCl 溶液(1 +1)。
⑤Bi^{3+}-Pb^{2+} 混合液(含 Bi^{3+}、Pb^{2+} 各约 0.01 mol/L)。称取 48 g $Bi(NO_3)_3$、33 g $Pb(NO_3)_2$,移入含 312 mL HNO_3 的烧杯中,在电炉上微热溶解后,稀释至 10 L。

四、实验步骤

Bi^{3+}-Pb^{2+}混合液的测定:用移液管移取 25.00 mL Bi^{3+}-Pb^{2+}溶液 3 份于 250 mL 锥形瓶中,加入 1 ~2 滴二甲酚橙指示剂,用 EDTA 标液滴定,当溶液由紫红色恰变为黄色时,即为

Bi^{3+}的滴定终点。根据消耗的EDTA标液体积,计算混合液中Bi^{3+}的含量(以g/L表示)。

在滴定Bi^{3+}后的溶液中,滴加六亚甲基四胺溶液,至呈现稳定的紫红色后,再过量加入5 mL,此时溶液的pH值为5~6。用EDTA标准溶液滴定,当溶液由紫红色恰变为黄色时,即为Pb^{2+}的滴定终点。根据滴定结果,计算混合液中Pb^{2+}的含量(以g/L表示)。

五、思考题

(1)描述连续滴定Bi^{3+}、Pb^{2+}的过程中,锥形瓶中颜色变化的情形,以及颜色变化的原因。

(2)为什么不用NaOH、NaAc或$NH_3 \cdot H_2O$,而要用六亚甲基四胺调节pH值为5~6?

(3)本实验中,能否先在pH值为5~6的溶液中,测定Bi^{3+}和Pb^{2+}的含量,然后再调整pH≈1时测定Bi^{3+}含量?

实验四 水泥熟料中SiO_2含量的测定

一、实验目的

(1)学会用容量法测定水泥中SiO_2含量的原理和方法。

(2)熟悉称量、过滤、滴定等操作。

二、实验原理

水泥按其组成成分分为普通硅酸盐水泥、矿渣硅酸盐水泥、火山灰质硅酸盐水泥、粉煤灰专用水泥、铝酸盐水泥、硫酸盐水泥、氟铝酸盐水泥、铁铝酸盐水泥等。水泥广泛应用于工业建筑、民用建筑、道路、桥梁、水利工程、地下工程、国防工程中。

在建筑施工质量检查中,水泥质量是必查的一项技术指标。关于水泥成分的分析是生产和使用水泥过程中重要的一环。

水泥的品种中最主要的是硅酸盐水泥。含有的元素有金属Ca、Al、Fe与非金属O和Si等。

硅酸盐水泥的主要成分:CaO,$\omega_B \approx 0.60$;SiO_2,$\omega_B \approx 0.20$;其余为Al_2O_3和Fe_2O_3等。这些成分分别来自石灰石、黏土和氧化铁粉。

水泥熟料中主要成分为:硅酸三钙、二钙盐、铝酸三钙、铁铝酸四钙盐。碱性氧化物约占60%,其化学性质之一是易被酸分解成硅酸和可溶性盐。

本实验用氟硅酸钾容量法测定水泥熟料中SiO_2的含量。

水泥熟料用硝酸分解生成水溶性硅酸和硝酸盐:

$$3CaO \cdot SiO_2 + 6HNO_3 = H_2SiO_3 + 3Ca(NO_3)_2 + 2H_2O$$

$$2CaO \cdot SiO_2 + 4HNO_3 = H_2SiO_3 + 2Ca(NO_3)_2 + 2H_2O$$

$$3CaO \cdot Al_2O_3 + 12HNO_3 = 3Ca(NO_3)_2 + 2Al(NO_3)_3 + 6H_2O$$

$$4CaO \cdot Al_2O_3 \cdot Fe_2O_3 + 20HNO_3 = 4Ca(NO_3)_2 + 2Al(NO_3)_3 + 2Fe(NO_3)_3 + 10H_2O$$

反应产物硅酸在有过量钾离子存在的强酸性溶液中与氟离子反应:

$$SiO_3^{2-} + 6F^- + 6H^+ = SiF_6^{2-} + 3H_2O$$

生成的氟硅酸根离子进一步与 K^+ 反应：

$$SiF_6^{2-} + 2K^+ = K_2SiF_6 \downarrow$$

将沉淀的 K_2SiF_6 过滤、洗涤、中和后，加沸水使之与水反应生成定量的 HF：

$$K_2SiF_6 + 3H_2O = 2KF + H_2SiO_3 + 4HF$$

以酚酞为指示剂，用 NaOH 标准溶液滴定 HF：

$$HF + NaOH = NaF + H_2O$$

H_2SiO_3（$K_a = 1.7 \times 10^{-10}$）是比 HF（$K_a = 6.6 \times 10^{-4}$）弱得多的酸，因此不会干扰滴定。

根据 NaOH 标准溶液的浓度和滴定消耗的体积，以及反应方程式之间物质的量的关系，可算出试样中 SiO_2 的含量。其计算公式为

$$\omega_{(SiO_2)} = \frac{[c(NaOH) \cdot V(NaOH) \times 10^{-3} \times 60]}{4G} \times 100\%$$

式中 $c(NaOH)$——NaOH 标准溶液的浓度，(mol/L)；

$V(NaOH)$——滴定所耗 NaOH 标准溶液的体积，mL；

G——水泥的质量，g。

本实验操作中的关键：掌握好 K_2SiF_6 沉淀、HF 与水反应的条件，防止 K_3AlF_6 沉淀的产生。

三、实验仪器与试剂

仪器：电子天平、塑料烧杯(400 mL)、碱式滴定管(50.00 mL)、快速定性滤纸、塑料棒、漏斗、漏斗架、小量筒(10 mL)、烧杯(1 000 mL)等。

试剂：水泥熟料、KCl(5% KCl-乙醇溶液)、10% KF、HNO_3(浓)、KCl(晶体)、5% KCl、1% 酚酞、NaOH 标准溶液(0.1 mol/L)、去离子水、煮沸的去离子水等。

四、实验步骤

(1)准确称取 0.200 0 ~ 0.300 0 g(准确到小数点后四位)水泥熟料试样置于干燥的 400 mL 的塑料烧杯中，加 20 mL 去离子水，用塑料棒搅拌至散。

(2)用小量筒量取 10 mL 10% KF 和 10 mL 浓 HNO_3 加入其中并充分搅拌至试样完全溶解(无黑色颗粒)，冷却至室温。

(3)用电子天平称量 KCl 晶体 4.5 g，将其直接倒入上述塑料烧杯中与水泥样品混合，不断搅拌使之溶解并反应，这时应观察到有 KCl 晶体颗粒残留，意味着 KCl 达饱和。若发现未达饱和，再补加少量 KCl 晶体并搅拌之，放置 10 min。

(4)用快速定性滤纸过滤，塑料烧杯和沉淀用 5% KCl 溶液洗涤 2 ~ 3 次(每次用 3 ~ 5 mL)。

(5)将带沉淀的滤纸展开，有沉淀的一面向上平放于杯底，沿杯壁加入 10 mL 5% KCl-乙醇溶液及 10 滴 1% 酚酞指示剂。

(6)用 0.1 mol/L NaOH 标准溶液中和未洗尽的游离酸至溶液呈现微红色。

(7)取 200 mL 煮沸的去离子水，加入塑料烧杯，以促进水解。

(8)再用 0.1 mol/L 的 NaOH 标准溶液滴定。注意：开始滴定时滤纸贴于烧杯内壁上，边滴定边搅动溶液，待溶液出现红色后，将滤纸浸入溶液中，继续滴定至溶液呈淡红色即达终点。

记录滴定用 NaOH 标准溶液的体积。计算水泥中 SiO_2 含量。

五、思考题

(1)为什么加 KCl 晶体要达饱和?
(2)滴定用 NaOH 标准溶液体积如何计算?
(3)如果滴定过量,计算出的 SiO_2 含量偏大还是偏小?

实验五　可溶性硫酸盐中硫的测定

一、实验目的

(1)了解重量法测定硫的基本原理。
(2)学会重量分析的基本操作。

二、实验原理

将可溶性硫酸盐试样溶于水,用稀盐酸酸化,加热近沸,用玻璃棒不断搅拌,缓慢滴加热 $BaCl_2$ 稀溶液,使其生成难溶性硫酸钡沉淀。

$$Ba^{2+} + SO_4^{2-} = BaSO_4 \downarrow (白)$$

硫酸钡是典型的晶形沉淀,因此应完全按照晶形沉淀的处理方法,所得沉淀经陈化后,过滤、洗涤、干燥和灼烧,最后以硫酸钡沉淀形式称量,求得试样中硫的含量。

1.硫酸钡符合定量分析的要求

(1)硫酸钡的溶解度小,在常温下为 1×10^{-5} mol/L,在 100 ℃时为 1.3×10^{-5} mol/L,所以在常温和 100 ℃时每 100 mL 溶液中仅溶解 0.23 ~0.3 mg,不超出误差范围,可以忽略不计。

(2)硫酸钡沉淀的组成精确地与其化学式相符合,化学性质非常稳定,因此凡含硫的化合物将其氧化成硫酸根以及钡盐中的钡离子都可用硫酸钡的形式来测定。

2.盐酸的作用

(1)利用盐酸提高硫酸钡沉淀的溶解度,以得到较大晶粒的沉淀,利于过滤沉淀。由实验得知,常温下 $BaSO_4$ 的溶解度见表 3.5。

表 3.5　常温下 $BaSO_4$ 的溶解度

盐酸浓度/($mol\cdot L^{-1}$)	0.1	0.5	1.0	2.0
溶解度/($mg\cdot L^{-1}$)	10	47	87	101

所以在沉淀硫酸钡时,不要使酸度过高,最适宜是在 0.1 mol/L 以下(约 0.05 mol/L)的盐酸溶液中进行,即可将硫酸钡的溶解量忽略不计。

(2)在 0.05 mol/L 盐酸浓度下,溶液中若含有草酸根、磷酸根、碳酸根与钡离子则不能发生沉淀,因此不会干扰。

(3)可防止盐类的水解作用,如有微量铁、铝等离子存在,在中性溶液中将因水解而生成碱式硫酸盐胶体微粒与硫酸钡一同沉淀。实验证明,溶液的酸度增大,三价离子共沉淀作用显著减小。

3. 硫酸钡沉淀的灼烧

硫酸钡沉淀不能立即高温灼烧,因为滤纸碳化后对硫酸钡沉淀有还原作用:

$$BaSO_4 + 2C \longrightarrow BaS\downarrow + 2CO_2\uparrow$$

应先以小火使带有沉淀的滤纸慢慢灰化变黑,而绝不可着火,如不慎着火,应立即盖上坩埚盖使其熄灭,否则除发生反应外,尚能由于热空气流而吹走沉淀,必须特别注意。

如已发生还原作用,微量的硫化钡在充足空气中,可能氧化而重新成为硫酸钡:

$$BaS + 2O_2 \longrightarrow BaSO_4\downarrow$$

若能灼烧达到恒重的沉淀,即上述氧化作用已告结束,沉淀已不含硫化钡。另外,灼烧沉淀的温度应不超过 800 ℃,且时间不宜太长,以避免发生下列反应而引起误差,使结果偏低。

$$BaSO_4 \xrightarrow{\triangle} BaO + SO_3\uparrow$$

三、实验仪器与试剂

(1)仪器:烧杯(100 mL、400 mL)、表面皿、玻璃棒、滴管、滤纸、漏斗、漏斗架、瓷坩埚、马弗炉、干燥器等。

(2)试剂:

①盐酸(2 mol/L)。

②氯化钡(10%)。

③硝酸银(0.1 mol/L)。

四、实验步骤

准确称取在 100 ~200 ℃干燥过的试样 0.3 g 左右两份,分别置于 400 mL 烧杯中,用水 50 mL 溶解,加入 2 mol/L 盐酸 6 mL,加水稀释到约 200 mL,盖上表面皿加热近沸。

另取 10% 氯化钡溶液 10 mL 两份,分别置于 100 mL 烧杯中,加水 40 mL,加热至沸。在玻璃棒不断搅拌下,趁热用滴管吸取稀氯化钡溶液,逐滴加入试液中,沉淀作用完毕后,静置 2 min,待硫酸钡下沉,于上层清液中加 1 ~2 滴氯化钡溶液,仔细观察有无浑浊出现,以检验沉淀是否完全,盖上表面皿微沸 10 min,在室温下陈化 12 h,以使试液上面悬浮微小晶粒完全沉下,溶液澄清。

过滤:取中速定量滤纸两张,按漏斗的大小折好滤纸使其与漏斗很好地贴合,以去离子水润湿,并使漏斗颈内留有水柱,将漏斗置于漏斗架上,漏斗下面各放一只清洁的烧杯,利用倾泻法小心地把上层清液沿玻璃棒慢慢倾入已准备好的漏斗中,尽可能不让沉淀倒入漏斗滤纸上,以免妨碍过滤和洗涤。当烧杯中清液已经倾注完后,用热水洗沉淀 4 次(倾泻法),然后将沉淀定量转移到滤纸上,再用热水洗涤 7 ~8 次,用硝酸银检验不显浑浊(表示无氯离子)为止。沉淀洗净后,将盛有沉淀的滤纸折叠成小包,移入已在 800 ℃灼烧至恒重的瓷坩埚中烘干,灰化后再置于 800 ℃的马弗炉中灼烧 1 h,取出,置于干燥器内冷却至室温、称量。根据所得硫酸钡量,计算试样中 $w(S)$、$w(SO_4^{2-})$ 以及 $w(Na_2SO_4)$。

五、思考题

(1)沉淀硫酸钡时为什么要在稀溶液、稀盐酸介质中进行沉淀？搅拌的目的是什么？

(2)为什么沉淀硫酸钡要在热溶液中进行而在冷却后进行过滤，沉淀后为什么要陈化？

(3)用倾泻法过滤有什么优点？

实验六　$KMnO_4$ 标准溶液的配制与标定

一、实验目的

(1)掌握 $KMnO_4$ 标准溶液的配制与标定方法。

(2)了解氧化-还原滴定中控制反应条件的重要性。

二、实验原理

市售的 $KMnO_4$ 常含有少量杂质，如硝酸盐、硫酸盐或氯化物等。$KMnO_4$ 的氧化能力强，易和水中的有机物、空气中的尘埃及氨等还原性物质作用，并能自行分解，见光则分解得更快：

$$4MnO_4^- + 2H_2O \xlongequal{} 4MnO_2 + 4OH^- + 3O_2$$

因此采用间接法配制 $KMnO_4$ 标准溶液，并放在棕色瓶内避光保存。

标定 $KMnO_4$ 溶液常用 $Na_2C_2O_4$ 作基准物。$Na_2C_2O_4$ 不含结晶水，容易精制。用 $Na_2C_2O_4$ 标定 $KMnO_4$ 溶液的反应如下：

$$2MnO_4^- + 5C_2O_4^{2-} + 16H^+ \xlongequal{} 2Mn^{2+} + 10CO_2 + 8H_2O$$

反应开始较慢，待溶液中产生 Mn^{2+} 后，由于 Mn^{2+} 的催化作用反应加快。滴定温度应控制在 75～85 ℃，不应低于 60 ℃，否则反应速度太慢。但温度太高，草酸又将分解。由于 MnO_4^- 为紫红色，Mn^{2+} 无色，因此滴定时可利用 MnO_4^- 本身的颜色指示滴定终点。

三、实验仪器与试剂

仪器：台秤、电子天平、滴定管、锥形瓶、烧杯、表面皿、漏斗、量筒、试剂瓶(棕色)等。

试剂：$KMnO_4$(A. R.)、$Na_2C_2O_4$(A. R.)，H_2SO_4(3 mol/L)等。

四、实验步骤

1. 0.02 mol/L $KMnO_4$ 标准溶液的配制

在电子天平上称取配制 500 mL 0.02 mol/L $KMnO_4$ 标准溶液所需的固体 $KMnO_4$[注1]，置于1 000 mL烧杯中，加入去离子水 500 mL 使固体溶解。盖上表面皿，加热煮沸 20～30 min[注2]。随时加水以补充因蒸发而损失的水。冷却后将溶液倒入棕色细口瓶中，在暗处放置 7～10 天。然后用微孔玻璃漏斗过滤以除去 MnO_2 沉淀(不要用滤纸，因为滤纸纤维有还原性)，也可以用虹吸的方法吸取上部分清液。

2. $KMnO_4$ 溶液浓度的标定

准确称取经烘干的分析纯 $Na_2C_2O_4$ 基准物若干克(如何估算?)置于锥形瓶中,加入 25 mL 水使之溶解,再加 3 mol/L H_2SO_4 溶液 10 mL[注3],加热至 75 ~ 85 ℃[注4](即开始冒蒸汽时的温度),立即用待标定的 $KMnO_4$ 溶液进行滴定[注5]。开始滴定的速度应当很慢(即加入一滴 $KMnO_4$ 待紫色消失后,再加下一滴),待溶液中产生 Mn^{2+} 后,反应速度加快,可适当快滴,但仍必须是逐滴加入[注6],直至溶液呈粉红色并且半分钟内不褪色即为终点[注7]。注意滴定结束时的温度不应低于 60 ℃。

平行测定 3 次,根据称取的 $Na_2C_2O_4$ 质量和所消耗的 $KMnO_4$ 溶液的体积,计算 $KMnO_4$ 溶液的浓度。

五、思考题

(1)配制 $KMnO_4$ 标准溶液时,为什么要把 $KMnO_4$ 溶液煮沸一定时间和放置数天?配好的 $KMnO_4$ 溶液为什么要过滤后才能保存?是否可用滤纸过滤?

(2)配制好的 $KMnO_4$ 溶液为什么要装在棕色玻璃瓶中(如果没有棕色瓶应怎么办?)放置暗处保存?

(3)用 $Na_2C_2O_4$ 标定 $KMnO_4$ 溶液的浓度时,为什么必须在过量的硫酸(硝酸或盐酸可以吗?)存在下进行?酸度过高或过低有无影响?为什么要加热到 75 ~ 80 ℃后才能进行滴定?溶液温度过高或过低有什么影响?

(4)本实验的滴定速度应如何掌握为宜?为什么第一滴 $KMnO_4$ 溶液加入后,红色褪去很慢,之后褪色较快?

(5)装 $KMnO_4$ 溶液的烧杯放置较久后,杯壁上常有棕色沉淀物(是什么?)不易洗净,应怎样洗涤?

六、注释

[注1]根据测定的需要,可配制 500 mL 或 1 000 mL $KMnO_4$ 溶液。

[注2]加热及放置时,均应盖上表面皿,以免落入尘埃和有机物。

[注3] $KMnO_4$ 作氧化剂,通常是在强酸性溶液中反应,滴定过程中若发现产生棕色浑浊(为何物?)现象,是酸度不足引起的,应立即加入 H_2SO_4 补救。若已达到终点,这时加酸已经无效,应该重做。

[注4]在室温下, $KMnO_4$ 与 $C_2O_4^{2-}$ 之间反应速度缓慢,需将溶液加热,但温度不能太高,否则易引起 $H_2C_2O_4$ 分解:

$$H_2C_2O_4 = CO_2 + CO + H_2O$$

[注5] $KMnO_4$ 色深,液面弯月面不易看出,读数时应以液面的最高线为准(即读液面的边缘)。

[注6]若滴定速度过快,部分 $KMnO_4$ 在热溶液中按下式分解:

$$4KMnO_4 + 2H_2SO_4 = 4MnO_2 + 2K_2SO_4 + 2H_2O + 3O_2$$

[注7] $KMnO_4$ 滴定终点不太稳定,这是由于空气中含有还原性气体及尘埃等杂质,能使 $KMnO_4$ 慢慢分解,使微红色消失,所以经过 30 s 不褪色即可认为已达到终点,并且加热后应立即滴定。

实验七　水中溶解氧的测定

一、实验目的

(1)学习化学法测定溶解氧的原理及实验操作。
(2)了解溶解氧含量与水质的关系。
(2)熟悉干扰物质的检验和处理方法。

二、实验原理

氧是典型的非金属元素。氧气在恒定大气中占有20.95%,人必须呼吸新鲜空气中的氧维持生命。一个成年人每天吸入10~12 m^3 的空气,质量相当于所需食物和饮水质量的10倍之多。水生动物和植物也需要氧气。

氧气能溶解于水。自然界中的水在和大气进行自然交换或经化学、生物化学反应后,溶解于水中的分子态氧称为溶解氧(Dissolved Oxygen,DO)。一般洁净的地面水溶解氧接近饱和,质量浓度 ρ(溶解 O_2)≥7.5 mol/L。溶解氧是水生动植物所必需的,人类饮用水溶解氧对健康大有益处。

水中溶解氧的量与大气压力、水温、水中盐分、水的存在状态、有无水生动植物等因素有关。根据气体的溶解性和经验可知,高温水 ρ(溶解 O_2)小,温度较低时水 ρ(溶解 O_2)大;静止的水 ρ(溶解 O_2)小,流动、翻腾的水由于水的再充气作用强,ρ(溶解 O_2)大;植物的光合作用会使 ρ(溶解 O_2)大,但水生物的呼吸作用消耗氧,使之减小。因此,水中溶解氧值是众多因素综合的净结果。

当水体受还原性其他耗氧物质的污染时,溶解氧必然减小,甚至接近于零。在 $\rho(O_2)<$ 2 mol/L的水体中,厌氧菌大量繁殖,并发出有机污染物的腐败气味。有藻类繁殖时,溶解氧呈过饱和。所以溶解氧是衡量水体受污染程度的一个重要指标。

测定水中溶解氧的方法有多种,常用的有化学需氧量(Chemical Oxygen Demand,COD)和生化需氧量(Biochemical Oxygen Demand,BOD)。COD是在一定条件下,用一定的强氧化剂处理水样时所消耗的氧化剂量。根据化学反应原理可知,这是表示水中还原性物质多少的一个指标。水中还原性物质有各种有机物、亚硝酸盐、硫化物、亚铁盐等。其中主要的是有机物,所以有时把COD作为水中含有有机物多少的检验指标。COD值越大,表明水体污染越严重。BOD是在有氧条件下,由于微生物的作用,水体中能分解的有机物完全氧化时所消耗的氧的量,通常是用一定温度下,水在密闭容器中保存一定时间后溶解氧减少的量来表示的。目前测定BOD按照规定是在温度为20 ℃时,培养5天作为测定的标准,这种测定方法称为五日生化需氧量,用 BOD_5 表示,同样温度下,如果培养时间为20天,测定的生化需氧量称为20日生化需氧量,用 BOD_{20} 表示,以此类推。类似的,BOD值越大,水体污染越严重。

此外水中溶解氧的测定方法还有碘量法和电化学探头法。碘量法测定水中溶解氧是国际标准之一,准确可靠地适用于 ρ(溶解 O_2)=0.2~20 mol/L的水样。

水中溶解氧的测定对水质监测、环境评价和水产养殖等都是非常重要的。

本实验用碘量法测定自来水中溶解氧的浓度,从而了解碘量法测定水中溶解氧的原理和方法。

碘量法测定自来水中溶解氧浓度的原理是基于水中溶解氧的氧化性,在水样中加入 $MnSO_4$、碱性 KI,将产生 $Mn(OH)_2$ 沉淀。$Mn(OH)_2$ 沉淀再被水样中的氧氧化为四价 $MnO(OH)_2$沉淀,反应式为

$$Mn^{2+} + 2OH^- = Mn(OH)_2$$

$$2\ Mn(OH)_2 + O_2 = 2\ MnO(OH)_2$$

将溶液酸化(pH 为 1.0 ~ 2.5),沉淀溶解,同时四价锰将 I^- 氧化为 I_2,反应式为

$$MnO(OH)_2 + 2\ I^- + 4H^+ = Mn^{2+} + I_2 + 3H_2O$$

以淀粉为指示剂,用 $Na_2S_2O_3$ 标准溶液滴定游离的碘:

$$2S_2O_3^{2-} + I_2 = S_4O_6^{2-} + 2I^-$$

即可计算出水中溶解氧的浓度。计算公式为

$$\rho(\text{溶解 } O_2) = 1/4[c(Na_2S_2O_3) \cdot V(Na_2S_2O_3)M(O_2)]/V(H_2O)$$

式中 $c(Na_2S_2O_3)$ —— $Na_2S_2O_3$ 标准溶液的浓度,mol/L;

$V(Na_2S_2O_3)$——$Na_2S_2O_3$ 标准溶液的体积,mL;

$V(H_2O)$——滴定用的水样体积,mL。

三、实验仪器与试剂

仪器:水样瓶(细口瓶,带橡皮塞,250 mL)、锥形瓶(250 mL)、移液管(1.0 mL、2.0 mL、100 mL)、酸式滴定管(10.00 mL)、量杯(5 mL)。

试剂:$MnSO_4$(2 mol/L)、H_2SO_4(1∶1)、$Na_2S_2O_3$ 标准溶液(约 0.01 mol/L)、淀粉溶液($W_b = 0.005$)。

四、实验步骤

1. 水样中溶解氧的固定

将洗净的 250 mL 水样瓶用待测水样荡洗 3 次。取水样注满水样瓶中并使水样溢流,迅速盖紧瓶盖。瓶中不能留有气泡。

取下瓶盖,用移液管插入碘量瓶中水样底部,依次加入 1.00 mL $MnSO_4$ 溶液和 2.00 mL KI-NaOH 溶液[注1],插入水样瓶中液面以下至少 5 cm,立即盖好瓶塞,勿使瓶内有气泡。颠倒混合 15 次,静置,待棕色絮状沉淀降到瓶高度的一半时,再颠倒几次,继续静置到沉淀物下降到瓶底部。

2. 水样中溶解氧的测定

(1)用移液管取 1.7 mL 1∶1的 H_2SO_4,轻轻打开瓶塞,立即将移液管插入水样液面 5 cm 以下,再将 H_2SO_4 加入,小心盖好瓶塞,颠倒混合至沉淀物全部溶解,呈黄色或棕色(因析出游离碘单质)并分布均匀,置于暗处 5 min。

(2)取上述溶液 50.00 mL 注入 250 mL 锥形瓶中,用 $Na_2S_2O_3$ 标准溶液滴定到溶液呈微黄色,加入约 1 mL 淀粉溶液;继续滴定至恰使蓝色褪去为止。记录滴定用 $Na_2S_2O_3$ 标准溶液的起始体积和终体积,得到滴定用 $Na_2S_2O_3$ 标准溶液的体积。滴定三次,误差应小于 0.20 mL。

(3)用滴定消耗 $Na_2S_2O_3$ 标准溶液体积的平均值,计算水样中所溶解氧的浓度,以 mg/L 表示。

五、实验数据记录

(1) $Na_2S_2O_3$ 标准溶液浓度(mol/L) = ________。

(2)测定自来水溶解氧量(每次滴定所取水样体积________mL);

大气压 p = ________kPa。

将实验数据记录与表 3.6 中。

表 3.6　实验数据记录表

$Na_2S_2O_3$ 标准溶液体积	第一次	第二次	第三次
滴定前/mL			
滴定后/mL			
消耗体积/mL			
平均体积/mL			

六、思考题

(1)水中溶解氧的多少与环境保护有何关系?

(2)滴定管、移液管如何使用?

(3)碘量法测定溶解氧的原理是什么?

七、注释

[注 1]KI-NaOH 溶液的制备:取 150 g 固体 KI 溶于 200 mL 水中,取 180 g 固体 NaOH 溶于 200 mL 水中,冷却后混合稀释至 500 mL。

实验八　石灰石中钙、镁含量的测定

一、实验目的

(1)掌握络合滴定法测定石灰石中钙、镁含量的方法和原理。

(2)巩固络合滴定中指示剂的选择和应用。

二、实验原理

石灰石的主要成分是 $CaCO_3$,同时也含有一定量的 $MgCO_3$ 及少量的 Al、Fe、Si 等杂质。按照经典方法,需用碱性熔剂熔融分解试样,制成溶液,分离除去 SiO_2 和 Fe^{3+}、Al^{3+} 等,然后测定钙和镁,这样程序太繁琐。若试样中含酸不溶物较少,通常用酸溶解试样,不经分离直接用 EDTA 标准溶液进行滴定。

试样溶解之后,Ca^{2+}、Mg^{2+} 共存于溶液中,然后以铬黑 T 为指示剂,用 EDTA 进行滴定。

在 pH 值为 6.3 ~11.3 的水溶液中，铬黑 T 本身呈蓝色，它与 Ca^{2+}、Mg^{2+} 形成的络合物呈紫红色，滴定至由紫红色变为纯蓝即为终点。

本实验是在 pH = 10 时，以铬黑 T(EBT)作指示剂，用 EDTA 标准溶液滴定溶液中的 Ca^{2+}、Mg^{2+} 的总量；于另一份试液中，调节至 pH > 12 时，Mg^{2+} 生成 $Mg(OH)_2$ 沉淀。加入钙指示剂(NN)，用 EDTA 标准溶液单独测定 Ca^{2+}，然后由总量减去钙量，即得镁量。

测定钙、镁时，对不同试样，掩蔽干扰离子的方法不尽相同。在酸性条件下，加入三乙醇胺和酒石酸钾钠以掩蔽试液中 Fe^{3+}、Al^{3+}，然后再碱化；在碱性条件下可用 KCN 掩蔽 Cu^{2+}、Zn^{2+} 等重金属离子[注1]；Cu^{2+}、Ti^{2+}、Cd^{2+}、Bi^{3+} 等重金属离子的干扰不易消除，加入铜试剂(DDTC)，掩蔽效果较好。

三、实验仪器与试剂

仪器：滴定管、锥形瓶、25.00 mL 移液管、容量瓶、250 mL 烧杯、纯水滴瓶、玻璃棒、表面皿、电加热板、广泛 pH 试纸、量杯等。

试剂：EDTA 标准溶液(0.02 mol/L)、HCl 溶液(1∶1)、NaOH 溶液(10%)、钙指示剂(1%)、铬黑 T 指示剂(1%)、$NH_3 \cdot H_2O\text{-}NH_4Cl$ 缓冲溶液(pH = 10)、三乙醇胺水溶液(1∶2)等。

四、实验步骤

1. 试液的制备

准确称取试样 0.25 ~0.3 g 于 250 mL 烧杯中，加少量水湿润，盖上表面皿，从烧杯嘴中滴加 1∶1 HCl 4 ~6 mL，小火加热使之溶解[注2]。冷却后定量转入 250 mL 容量瓶中，用水稀释定容，摇匀备用。

2. 钙、镁总量的测定

准确吸取试样 25.00 mL 于锥形瓶中，加 30 mL 水、5 mL 三乙醇胺，摇匀。加入 10 mL$NH_3 \cdot H_2O\text{-}NH_4Cl$ 缓冲溶液，摇匀。用广泛 pH 试纸测试溶液 pH 值并辅以 NaOH 溶液调节，确认 pH 值为 10 后，加入少许适量铬黑 T 指示剂，摇匀，溶液为紫红色，然后用 EDTA 标准溶液滴定至溶液由紫红色恰好变为纯蓝色，即为终点。记下体积读数，平行测定三次。

3. 钙含量的测定

准确吸取 25.00 mL 试液于锥形瓶中，加 30 mL 水，5 mL 三乙醇胺溶液，摇匀。再加入 10 mL NaOH 溶液[注3]，用广泛 pH 试纸测溶液 pH 值并辅以 NaOH 溶液调节，确认 pH 值在 12 ~13 后，加入钙指示剂适量(米粒大小)，摇匀后，用 EDTA 标准溶液滴定至溶液由紫红色恰变为蓝色，即为终点，记下体积读数，平行测三次。

4. 含量计算

根据 EDTA 标准溶液的浓度和所消耗的体积，分别计算试样中 MgO 和 CaO 的质量分数并求出有关误差。

五、实验数据记录

c(EDTA 标准溶液) = ________ mol/L　　　　$m_{试样}$ = ________ g

pH = 10 时，将实验数据记录于表 3.7 中。

表 3.7　实验数据记录表 1

记录项目		Ⅰ	Ⅱ	Ⅲ	
V(EDTA 标准溶液)/mL	$V_{始}$				
	$V_{终}$				
	$V_{消耗}$				
平均 V(EDTA 标准溶液)/mL					

pH 值为 12～13 时，将实验数据记录于表 3.8 中。

表 3.8　实验数据记录表 2

记录项目		Ⅰ	Ⅱ	Ⅲ
V(EDTA 标准溶液)/mL	$V_{始}$			
	$V_{终}$			
	$V_{消耗}$			
平均 V(EDTA 标准溶液)/mL				

六、思考题

(1)为什么掩蔽 Fe^{3+}、Al^{3+} 时，要在酸性条件下加入三乙醇胺？用 KCN 掩蔽 Cu^{2+}、Zn^{2+} 等是否也可以在酸性条件下进行？

(2)用酸溶解石灰石试样前为什么要用少量水润湿？滴加 HCl 溶液时应怎样操作？

(3)试述络合滴定法测定石灰石中钙和镁含量的原理，并写出计算公式。

(4)将烧杯中已溶解好的试样转移到容量瓶并稀释到刻线时，应怎样操作？需注意什么？

七、注释

[注 1]用来掩蔽 Fe^{3+} 等离子的三乙醇胺，必须在酸性溶液中加入，然后再碱化，否则 Fe^{3+} 已生成 $Fe(OH)_3$ 沉淀而不易被掩蔽；KCN 是剧毒物，只允许在碱性溶液中使用，若加入酸性溶液中，则产生剧毒的 HCN 气体逸出，对人体有严重危害。

[注 2]如试样用酸溶解不完全，则残渣可用 Na_2CO_3 熔融，再用酸浸取。浸取液与试液合并。在一般分析工作中，残渣作为酸不溶物处理，可不必考虑。

[注 3]测定钙时，若形成大量 $Mg(OH)_2$ 沉淀将吸附 Ca^{2+}，会使钙的测定结果偏低。为了克服此不利因素，可加入淀粉-甘油、阿拉伯树胶或糊精等保护胶，基本可消除吸附现象，其中以糊精的效果较好。5% 糊精溶液的配制方法如下：

将 5 g 糊精溶于 100 mL 沸水中，稍冷，加入 5 mL 10% 的 NaOH，摇匀。加入 3～5 滴 K-B 指示剂，用 EDTA 标准溶液滴定至蓝色。临用时配制，使用时加 10～15 mL 于试液中。

实验九 邻二氮菲分光光度法测定微量铁

一、实验目的

(1)了解实验条件研究的一般方法。

(2)掌握通过绘制吸收曲线确定最大吸收波长和利用标准曲线进行定量分析的方法。

(3)熟悉 722S 型分光光度计的结构和使用方法。

二、实验原理

可见分光光度法进行定量分析时,要经过取样、溶解、显色及测量等步骤。显色反应受多种因素的影响,例如,为了使反应进行完全,应当确定显色剂加入量的合适范围,溶液的酸度既影响显色剂各种形式的浓度(为什么?),又影响金属离子的存在状态,从而影响显色反应生成物的组成。不同的显色反应,生成稳定有色化合物所需的时间不同,达到稳定后能维持多久也不大相同。许多显色反应在室温下能很快完成,有的则需要加热才能较快进行。此外,加入试剂的顺序、离子的氧化态、干扰物质的影响等均需要加以研究,以便拟定合适的分析方案,使测定既准确又迅速。

邻二氮菲作显色剂测定微量铁(Ⅱ)的灵敏度高,选择性好。在 pH 值为 2 ~ 9 的溶液中,Fe^{2+} 与邻二氮菲生成极稳定的橙红色络合物,反应式如下:

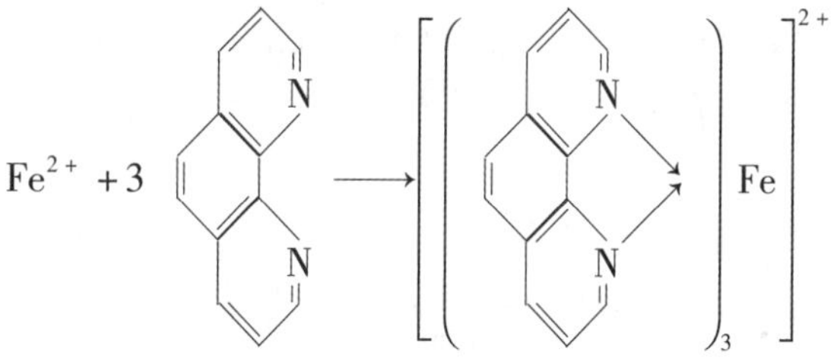

Fe^{2+} +3 (邻二氮菲,N N) ⟶ [(邻二氮菲,N N)$_3$ Fe]$^{2+}$

该络合物 $\lg K_{稳}=21.3(20\ ^\circ C)$,在 510 nm 波长下有最大吸收,其摩尔吸光系数 $\varepsilon_{510}=1.1\times10^4$。

邻二氮菲也能与 Fe(Ⅲ)生成 3∶1的淡蓝色络合物,其 $\lg K_{稳}=14.10$。因此在显色前应先用盐酸羟胺($NH_2OH \cdot HCl$)将 Fe^{3+} 还原为 Fe^{2+},反应式为

$$2Fe^{3+} + 2NH_2OH \cdot HCl \longrightarrow 2Fe^{2+} + N_2 + 2H_2O + 4H^+ + 2Cl^-$$

测定时,控制溶液 pH 值为 2 ~ 9 较为适宜。酸碱度较高时,反应进行较慢;酸碱度太低,则 Fe^{2+} 水解,影响显色。

三、实验仪器与试剂

仪器:722S 型分光光度计、pHS-3C 型酸度计、容量瓶、比色皿、pH 玻璃膜复合电极等。

试剂:100 μg/mL 铁标准溶液[准确称取 0.863 4 g 铁铵钒 $NH_4Fe(SO_4)_2 \cdot 12H_2O$ 于小烧杯中,加入 20 mL 6 mol/L HCl 和少量水,溶解后定量转移至 1 L 容量瓶中,用水稀释定容,摇匀]、邻二氮菲水溶液(0.12%)(用前配制)、盐酸羟胺水溶液(10%)(用前配制)、HAc-NaAc

缓冲溶液(pH =4.5)(称取分析纯 NaAc · $3H_2O$ 32 g 溶于适量水中,加入 6 mol/L HAc 68 mL,稀释至 500 mL)、HCl 溶液(2 mol/L)、NaOH 溶液(0.4 mol/L)等。

四、实验步骤

1.25.0 μg/mL 铁标准溶液的配制

准确吸取 25.0 mL 100 μg/mL 铁标准溶液于 100 mL 容量瓶中,用水稀释定容,摇匀。

2.条件实验

(1)吸收曲线的绘制。

吸取25.0 μg/mL 铁标准溶液3.00 mL 于50 mL 容量瓶中,加入1 mL 10%盐酸羟胺溶液,摇匀。2 min 后,加入 HAc-NaAc 缓冲溶液 5 mL,0.12% 邻二氮菲 2 mL,以水稀释定容。在722S 型分光光度计上用 1 cm 比色皿,以空白溶液为参比,在波长 470 ~ 550 nm 内每隔 10 nm 测定一次吸光度[注1]。然后以吸光度为纵坐标,波长为横坐标绘制吸收曲线,在吸收曲线上找出进行测量的最适宜波长。以下条件实验和测定工作均在此选定波长下进行。

(2)有色溶液的稳定性。

按步骤(1)配制铁标准溶液后,用 1 cm 比色皿,每隔一段时间(3 min、30 min、1 h、1.5 h、2 h)测定一次吸光度值。绘制出吸光度-时间曲线,找出稳定值时间范围。

(3)显色剂浓度的影响。

取 7 个 50 mL 容量瓶,准确吸取 25.0 μg/mL 铁标准溶液 3.00 mL 加入各容量瓶中,分别加入 1 mL 10% 盐酸羟胺溶液,放置 2 min 后,加入 HAc-NaAc 缓冲溶液 5 mL,然后分别加入0.12%邻二氮菲 0.20、0.40、0.60、1.00、1.50、2.00、3.00 mL,用水稀释定容,摇匀。用 1 cm 比色皿,以水为参比,分别测定各溶液的吸光度。然后以加入邻二氮菲的体积为横坐标,相应的吸光度值为纵坐标,绘制出吸光度—显色剂用量曲线,从而确定显色剂最适宜的量。

(4)溶液酸度的影响。

准确吸取 4.00 mL 25.0 μg/mL 铁标准溶液于 100 mL 容量瓶中,加入 2 mol/L HCl 溶液10 mL,10% 盐酸羟胺溶液 10 mL ,放置 2 min 后,加入 0.12% 邻二氮菲 20 mL,以水稀释定容,摇匀。

取 7 个 50 mL 容量瓶,准确吸取上述溶液 5.00 mL 置于各容量瓶中,各加入 0.4 mol/L NaOH 溶液 0.00、1.00、2.00、4.00、5.00、7.00 及 9.00 mL[注2],以水稀释定容,摇匀。用 1 cm 比色皿,以水为参比,测定各溶液的吸光度。然后用酸度计分别测定各溶液的 pH 值。绘制吸光度—pH 值曲线,找出适宜的 pH 值范围。

3.铁含量的测定

(1)制作标准曲线。

取 6 个 50 mL 容量瓶,分别加入 0、2.00、4.00、6.00、8.00 mL 25.0 μg/mL 铁标准溶液,各加入 10% 盐酸羟胺溶液 1 mL,摇匀后放置 2 min,再各加 HAc-NaAc 缓冲溶液 5 mL,0.12%邻二氮菲溶液 2.00 mL,以水稀释定容,摇匀。以空白溶液为参比[注3],用 1 cm 比色皿在选定波长下测定各溶液的吸光度。绘制标准曲线。

(2)试液中含铁量的测定。

准确吸取 10.00 mL 未知试液于 50 mL 容量瓶中,按上述操作进行显色[注4]、定容,并测定其吸光度。从标准曲线上查出试液铁含量[注5],并计算原试液铁含量,以 μg/mL 表示测定结果。

五、思考题

(1)在显色之前,为什么要预先加入盐酸羟胺和 HAc-NaAc 缓冲溶液?

(2)测量吸光度时,为什么要选择参比溶液?选择参比液的原则是什么?

(3)实验中哪些试剂的加入量必须很准确?哪些可不必很准确?

(4)为什么绘制工作曲线和测定试样应在相同条件下进行?这里主要指哪些条件?

(5)吸收曲线和标准曲线有何区别?各有何实际意义?

(6)分光光度法测定时,一般读取吸光度值。该值在标尺上取什么范围好?为什么?如何控制被测溶液的吸光度值在此范围内?

六、注释

[注1]每更换一次波长,均需要重新用参比溶液调节透光率至100%,再测定溶液的吸光度。

[注2]加入 NaOH 的量,应使各溶液的 pH 值从小于2开始逐渐增加至12以上。如 NaOH 的加入量不合适,可以酌情调整到上述要求。

[注3]试剂中往往含有极微量的铁,因此在绘制标准曲线时,以空白溶液作为参比。进行条件实验时,目的是比较某种条件对吸光度大小的影响,所以可直接用蒸馏水作参比。

[注4]试液的显色应与标准系列显色同时进行,这样显色时间能够一致。

[注5]标准曲线的横坐标以50 mL溶液中所含铁标准溶液的体积表示铁含量,这样处理数据较为方便。

实验十 电位法测定水溶液 pH 值(设计性实验)

一、实验目的

(1)掌握用玻璃电极测量溶液 pH 值的基本原理和测量技术。

(2)进一步加深对玻璃电极响应特性的了解。

二、实验要求

(1)列出所需的仪器与试剂。

(2)列出简要的实验步骤。

(3)测定至少3个未知 pH 试样溶液,选 pH 值分别在3、6、9左右为好。

(4)对于每个试样测定,要求使用单标准 pH 缓冲溶液法及双标准 pH 缓冲溶液法进行测定。

三、思考题

(1)比较使用单标准 pH 缓冲溶液及双标准 pH 缓冲溶液校正法的测定结果。

(2)为什么要使用标准缓冲溶液?

(3)用玻璃电极测定 pH 时,应匹配什么类型的电位计?

实验十一　水样中镉的极谱分析

一、实验目的

(1)掌握极谱分析的基本原理。

(2)学习测量波高及半波电位的方法。

(3)了解半波电位的意义及应用。

(4)学会准确使用 XJP-821(C)型极谱仪。

二、实验原理

极谱分析是一种特殊的电解分析,其特殊性主要表现在电极和电解过程上。这种特殊电解过程所得到的电流—电位曲线,称为极谱波。在一定的条件下,极谱波的半波电位和去极剂的种类有关,可利用其进行定性分析;而极谱波(即极限扩散电流)的高度与去极剂的浓度成正比,可利用其进行定量分析。

极谱波高度(扩散电流)与去极剂浓度的关系可用尤考维奇(Ilkovic)方程式表示为

$$\overline{i_d} = 607nD^{1/2}\ m^{2/3}t^{1/6}c$$

当条件一定时,n、D、m、t 均为定值,则扩散电流 i_d 与被测离子浓度 c 成正比。因此通过直接比较法、标准曲线法或标准加入法即可对被测离子进行定量测定。

本实验以 $NH_3 \cdot H_2O\text{-}NH_4Cl$ 为支持电解质,消除迁移电流,以明胶作极大抑制剂,用 Na_2SO_3 除去溶液中的溶解氧,用标准曲线法测定未知液中 Cd 的含量。

三、仪器与试剂

仪器:XJP-821(C)型极谱仪、HP-1 型旋转环-盘电极、饱和甘汞电极、6 V 稳压电源、电解杯(或烧杯)10 mL、容量瓶、吸量管等。

试剂:Cd^{2+} 标准溶液(5.00×10^{-3} mol/L)、明胶(0.01%),无水 Na_2SO_3 溶液、$NH_3 \cdot H_2O\text{-}NH_4Cl$ 溶液(由 1 mol/L $NH_3 \cdot H_2O$ 溶液,1 mol/L NH_4Cl 溶液配制)、含 Cd^{2+} 的水样、纯 N_2(99.99%)等。

四、实验步骤

1. 调节仪器和预热

2. 标准曲线的绘制

取 5 个 25 mL 容量瓶,分别加入 5.00×10^{-3} mol/L Cd^{2+} 标准溶液 1.00、2.00、3.00、4.00

和5.00 mL,然后再加入 $NH_3 \cdot H_2O$-NH_4Cl 溶液2.5 mL,无水 Na_2SO_3 0.3 g,明胶10滴,以蒸馏水稀释至刻度线,摇匀。

把上述配好的溶液倒入电解杯中,插入 HP-1 型旋转环-盘电极和饱和甘汞电极,通 N_2 搅拌后,用极谱仪于 -0.5 ~ -1.1 V 内作电压扫描,记录 i—E 曲线及 -0.8 V 处的峰高,然后以 i_d 为纵坐标,浓度 c 为横坐标绘制标准曲线。

取1个25 mL容量瓶加入含 Cd^{2+} 的水样5.00 mL,2.5 mL $NH_3 \cdot H_2O$-NH_4Cl 溶液,0.3 g 无水 Na_2SO_3 溶液,10滴明胶(0.01%)溶液,并以蒸馏水稀释定容,摇匀。

按上述方法在极谱仪上进行测定,测出其 i_d 后,在标准曲线上查出水样中 Cd^{2+} 的浓度。

五、思考题

(1)半波电位在极谱分析中有何实用价值?

(2)为什么在极谱定量分析中要消除迁移电流?应采取何种措施?

实验十二　离子选择性电极法测定水中氟含量

一、实验目的

(1)掌握离子选择性电极法测定离子含量的原理和方法。

(2)掌握标准曲线法和标准加入法测定水中微量氟的方法。

(3)了解使用总离子强度调节缓冲溶液的意义和作用。

(4)熟悉氟电极和饱和甘汞电极的结构和使用方法。

(5)掌握 pHS-3C 型酸度计的使用方法。

二、实验原理

饮用水中氟含量的高低对人体健康有一定影响,氟的含量太低易患龋[illegible]氟中毒现象,适宜含量为0.5 mg/L左右。因此,监测饮用水中氟离子含量至[illegible]选择性电极法已被确定为测定饮用水中氟含量的标准方法。

离子选择性电极是一种电化学传感器,它可将溶液中特定离子的活度转换成相应的电位信号。氟离子选择性电极的敏感膜为 LaF_3 单晶膜(掺有微量 EuF_2,利于导电),电极管内装有0.1 mol/L NaCl-NaF 组成的内参比溶液,以 Ag-AgCl 作内参比电极。当氟离子选择电极(作指示电极)与饱和甘汞电极(参比电极)插入被测溶液中组成工作电池时,电池的电动势 E 在一定条件下与 F^- 活度的对数值呈线性关系:

$$E = K - S \lg \alpha_{F^-}$$

式中,K 在一定条件下为常数;S 为电极线性响应斜率(25 ℃时为0.059 V)。当溶液的总离子强度不变时,离子的活度系数为一定值,工作电池电动势与 F^- 浓度的对数值呈线性关系:

$$E = K' - S \lg c_{F^-}$$

为了测定 F^- 的浓度,常在标准溶液与试样溶液中同时加入相等的足够量的惰性电解质以固定各溶液的总离子强度。

试液的 pH 值对氟电极的电位响应有影响。在酸性溶液中 H^+ 与部分 F^- 形成 HF 或 HF_2^- 等在氟电极上不响应的形式,从而降低了 F^- 的浓度。在碱性溶液中,OH^- 在氟电极上与 F^- 产生竞争响应,此外 OH^- 也能与 LaF_3 晶体膜产生如下反应:

$$LaF_3 + 3OH^- \longrightarrow La(OH)_3 + 3F^-$$

干扰电位响应使测定结果偏高。因此测定需要在 pH = 5 ~ 6 的溶液中进行,常用缓冲溶液 HOAc-NaOAc 来调节。

氟电极的优点是对 F^- 响应的线性范围宽($1 \sim 10^{-6}$ mol/L)、响应快、选择性好。但能与 F^- 生成稳定络合物的阳离子(如 Al^{3+}、Fe^{3+} 等)以及能与 La^{3+} 形成络合物的阴离子会干扰测定,通常可用柠檬酸钠、EDTA、磺基水杨酸或磷酸盐等加以掩蔽。

使用氟电极测定溶液中氟离子浓度时,通常将控制溶液酸度、离子强度的试剂和掩蔽剂结合起来考虑,即使用总离子强度调节缓冲溶液(TISAB)来控制最佳测定条件。

本实验的 TISAB 的组成为 NaCl、HOAc-NaOAc 和柠檬酸钠。

三、实验仪器与试剂

仪器:pHS-3C 型酸度计、氟离子选择性电极、饱和甘汞电极、电磁搅拌器等。

试剂:100 μg/mL 氟标准溶液(准确称取于 120 ℃干燥 2 h 并冷却的分析纯 NaF 0.221 g 于烧杯中,加入少量水使之溶解并定量转移至 1 000 mL 容量瓶中,稀释定容,摇匀。贮存于塑料瓶中);10.0 μg/mL 氟标准溶液(将上述储备液定量稀释 10 倍);总离子强度调节缓冲溶液(TISAB)[于 1 000 mL 烧杯中加入 500 mL 去离子水、57 mL 冰乙酸、58 g NaCl 及 12 g 柠檬酸钠($Na_3C_6H_5O_9 \cdot 2H_2O$),搅拌至溶解。将烧杯置于冷水浴中,缓缓滴加 6 mol/L NaOH 溶液,直至溶液的 pH 值为 5.0 ~5.5(用酸度计测定),冷却至室温,转入 1 000 mL 容量瓶中,用去离子水稀释定容并摇匀]等。

四、实验步骤

1. 酸度计的调试

参阅酸度计的使用方法。

2. 标准曲线法测氟

(1)氟标准溶液系列的配制。

准确移取 10.0 μg/mL 氟标准溶液 1.00、4.00、7.00、10.00、13.00 mL 分别放入 5 个 100 mL 容量瓶中,各加入 TISAB 10 mL,用去离子水稀释定容,摇匀,即得到浓度分别为 0.10、0.40、0.70、1.00、1.30 μg/mL 氟离子的标准溶液。

(2)标准曲线的绘制。

将上述配好的标准溶液分别倒入 50 mL 小塑料杯中,将准备好的氟离子选择性电极[注1]和饱和甘汞电极[注2]浸入溶液中[注3],在电磁搅拌下,读取平衡电位值[注4]。测量的顺序由稀到浓,在转换溶液时,用水冲洗电极,用滤纸吸去附着溶液。在半对数坐标纸上作电位—浓度图,即得标准曲线。

(3)试样中氟含量的测定。

吸取含氟量小于 10.0 μg/mL 水样 50.00 mL 于 100 mL 容量瓶中,加入 10 mL TISAB,用去离子水稀释定容,摇匀。将氟离子选择性电极和饱和甘汞电极置于盛有去离子水的小塑料杯中，用电磁搅拌器搅拌溶液以清洗电极，直至所测电位与起始的空白电位值接近时，拿出电极。用滤纸吸干电极表面的水，再插入盛有未知水样的塑料杯中，在电磁搅拌下读取平衡电位值 E_1，根据 E_1 从工作曲线上查得氟含量并计算出水样的含氟量(μg/mL)。

3. 标准加入法

请思考标准加入法与标准曲线法的应用条件。

(1)准确吸取 50. 00 mL 水样于 100 mL 容量瓶中，再准确加入 1.00 mL 100 μg/mL 氟标准溶液、10 mL TISAB，并用去离子水稀释定容、摇匀。

(2)将氟离子选择性电极和饱和甘汞电极插入盛有上述溶液的小塑料杯中，在电磁搅拌下测其平衡电位值 E_2，再根据 E_1 和 E_2 计算出原水样中的氟含量：

$$C_x = \frac{c_s v_s}{v_o}\left(10^{\frac{E_2 - E_1}{s}} - 1\right)^{-1}$$

五、思考题

(1)标准加入法为什么要加入比欲测组分浓度大很多的标准溶液?

(2)氟电极在使用前应该怎样处理? 使用后应该怎样保存?

(3)TISAB 溶液包含哪些组分? 各组分的作用是怎样的?

(4)氟离子选择性电极测得的是 F^- 的浓度还是活度? 如果要测定 F^- 的浓度，该怎么操作?

(5)测定 F^- 浓度时为什么要控制在 pH≈5，pH 值过高或过低有什么影响?

六、注释

[注 1]氟离子选择性电极使用前需用去离子水浸泡活化过夜，或在 1×10^{-1} mol/L NaF 溶液中浸泡 1 ~2 h，再用去离子水洗至空白电位值为 300 mV 左右，方可使用。电极的单晶膜切勿与坚硬物碰擦，晶片上如沾有油污，用脱脂棉依次以酒精、丙酮轻拭，再用去离子水洗净。电极使用后，应清洗至空白电位值，然后浸泡在水中。长久不用时应风干后保存。电极内装有电解质溶液，为防止晶片内附着气泡而使电路不通，在电极使用前，让晶片朝下，轻击电极杆，以排除晶片上可能附着的气泡。

[注 2]饱和甘汞电极在使用前应拔去加 KCl 溶液小口处的橡皮塞，以保持足够的液压差，使 KCl 溶液只能向外渗出，同时检查内部电极是否已浸于 KCl 溶液中，否则应补加。电极下端的橡皮套也应取下。饱和甘汞电极使用后，应再将两个橡皮套分别套好，装入电极盒内，防止盐桥液流出。

[注 3]安装电极时，两只电极不要彼此接触，电极下端离杯底应有一定的距离，以防止转动的搅拌子碰击电极下端。

[注 4]在稀溶液中，氟电极响应值达到平衡的时间较长，需等待电位值稳定后再读数。

实验十三　乙酸的电位滴定分析及其 K_a 的测定

一、实验目的

(1)学习电位滴定的基本原理和操作技术。

(2)运用 pH—V 曲线和(ΔpH/ΔV)—V 曲线与二阶微商法确定滴定终点。

(3)学习测定弱酸的解离常数的方法。

二、实验原理

乙酸为一元弱酸,其 $pK_a = 4.74$。当以标准碱溶液滴定乙酸时,在化学计量点附近可以观察到 pH 值的突跃。用 pH 玻璃复合电极来测定滴定过程中溶液的 pH 值,然后由 pH—V 曲线或(ΔpH/ΔV)—V 曲线求得滴定终点时消耗的标准碱溶液的体积。也可以用二阶微商法,于 $\Delta^2 pH/\Delta V^2 = 0$ 处确定终点。根据标准碱溶液的浓度、消耗的体积和试液的体积,即可求得试液中乙酸的浓度或含量。

根据乙酸的解离平衡及其解离常数,当滴定分数为 50% 时,$[Ac^-] = [HAc]$,此时 $K_a = [H^+]$,即 $pK_a = pH$。因此,在滴定分数为 50% 处的 pH 值,即为乙酸的 pK_a 值[注1]。

三、实验仪器与试剂

仪器:容量瓶(100 mL);吸量管(5 mL、10 mL);酸式滴定管;玻璃棒;pH 玻璃复合电极等。

试剂:

邻苯二甲酸氢钾(优级纯):在 105 ℃烘干 2 h,于保干器中存放;

0.05 mol/L 邻苯二甲酸氢钾溶液,pH = 4.00(20 ℃);

0.05 mol/L Na_2HPO_4 + 0.05 mol/L KH_2PO_4 混合溶液,pH = 6.86(20 ℃);

Na_2CO_3(优级纯):在 270 ~ 300 ℃干燥 2 h,于保干器中存放;

NaOH 溶液:浓度在 0.1 mol/L 左右的标准溶液;

HAc 溶液:0.1 mol/L。

四、实验步骤

(1)将 pH 计的选择开关置于 pH 挡。

(2)将温度挡设定为室温,pH = 6.86 的标准溶液置于 100 mL 的小烧杯中,将 pH 复合电极的玻璃泡浸入其中,调节定位按键(SET),直到读数显示为 6.86,然后按确认键。冲洗电极,吸干水分,再把电极的玻璃泡浸入 pH = 4.00 的标准缓冲溶液,调节斜率按键,使读数显示 4.00,然后确认。整个接下来的测定过程中,不可再按定位或斜率按键。

(3)吸取乙酸试液 10.00 mL,置于 100 mL 的小烧杯中,加水至 30 mL。

(4)用小玻棒搅拌均匀溶液,进行粗测。将 pH 计温度挡设定为室温,测量在加入 NaOH

溶液 0、2、4、6、8、9、10、11 mL 时各点的 pH 值。初步判断发生 pH 值突跃时所需的 NaOH 溶液的体积范围。比如 9 ~ 10 mL 或者 10 ~ 11 mL 等。

(5)进行细测。重新吸取乙酸试液 10.00 mL,置于洗净的 100 mL 的小烧杯中,加水至 30 mL。例如,粗测 NaOH 溶液的体积,如果是 10 ~ 11 mL,则首先直接往乙酸溶液中加入 10.00 mL NaOH 溶液,然后每加 0.10 mL NaOH 溶液,就测量一次溶液的 pH 值,记录加入 NaOH 溶液 10.00、10.10、10.20、10.30、10.40、10.50、10.60、10.70、10.80、10.90、11.00 mL 时溶液的 pH 值。如果粗测 NaOH 溶液的体积,在 9 ~ 10 mL,则首先直接往乙酸溶液中加入 9.00 mL NaOH 溶液,然后每加 0.10 mL NaOH 溶液,就测量一次溶液的 pH 值,记录加入 NaOH 溶液 9.00、9.10、9.20、9.30、9.40、9.50、9.60、9.70、9.80、9.90、10.00 mL 时溶液的 pH 值。若是在其他范围,依此方法类推。用二阶微商插值法计算得到终点体积 V_{ep}(NaOH)。然后就由 c(HAC) = c(NaOH) * V_{ep}(NaOH)/V(HAc)计算出醋酸溶液的浓度,保留 4 位有效数字。

(6)重新吸取 10.00 mL 乙酸试液,在细测得到的 ΔV_{ex} 的 1/2 附近,适当增加测量点的密度,例如,ΔV_{ex}若在 9 ~ 10 mL,可测量在 NaOH 加入 4.5 ~ 5 mL 的 4.50、4.60、4.70、4.80、4.90、5.00 mL 时溶液的 pH 值。用测量得到的数据,以 V(NaOH)为横坐标,以测得的对应的 pH 值为纵坐标作图,由 $pH = pK_a + \lg[c(Ac^-)/c(HAc)]$ 知,当滴定分数为 50% 时,即 $c(Ac^-) = c(HAc)$时,$V(NaOH) = 1/2V_{ep}$时的 pH 即为 pK_a。用测量得到的 V ~ pH 在坐标纸上作图,然后把上一步计算得到的 V_{ep}取 1/2,到曲线上去找到其相应的纵坐标 pH 值即为醋酸的 pK_a。

五、注释

[注 1]乙酸的 $K_a \approx 10^{-5}$,在滴定分数 50% 时,可以认为 $pH = pK_a$,若酸的 K_a 稍大(例如在 10^{-3} ~ 10^{-2}内),就应考虑离子强度的影响和离解平衡使剩余的酸及生成共轭碱浓度变化,应采用缓冲溶液 pH 值的近似计算式来计算 K_a 值了,而不是最简式的关系。

六、思考题

(1)在测定乙酸浓度时为什么要采用粗测和细测两个步骤?

(2)细测 K_a 值时为什么在 $1/2\Delta V_{ex}$处增加测量密度?

实验十四 水泥熟料中氧化铁、氧化铝的测定(综合性实验)

一、实验目的

(1)学习复杂物质的系统分析方法,进行滴定分析的综合训练。

(2)进一步掌握配合滴定法的原理。通过控制试液酸度、温度、选择适当的掩蔽剂和指示剂等条件,掌握在铁、铝共存时直接、分别测定它们的方法——直接滴定法、返滴定法和差减法及它们的计算。

二、实验原理

硅酸盐水泥熟料主要由氧化钙、二氧化硅、氧化铝和氧化铁四种氧化物组成,其总和通常在水泥熟料中占95%以上。其中碱性氧化物占60%以上，它可以直接用盐酸分解。它们的波动范围：CaO 为 62% ~67%，SiO_2 为 20% ~24%，Al_2O_3 为 4% ~7%，Fe_2O_3 为 3% ~6%。此外，还含有其他少量氧化物如 MgO、Na_2O、K_2O、TiO_2、Mn_2O_3、P_2O_5、SO_3 等。

试样经盐酸处理，二氧化硅生成了含水硅胶团，在有氯化铵存在下，硅胶团脱水聚沉析出含水二氧化硅 $xSiO_2 \cdot yH_2O$，经过滤，可与其他可溶性成分分离。滤液收集于 250 mL 容量瓶中，定容后供测定氧化铁、氧化铝之用。

对氧化铁、氧化铝的测定，本实验是通过适当控制溶液的 pH 等条件，用 EDTA 标准溶液分别进行测定，它们滴定的适宜条件见表 3.9。

表 3.9　滴定的适宜条件

化合物	氧化铁	氧化铝
滴定方法	直接滴定	反滴定
pH	1.6 ~1.8	3.8 ~4
温度	60 ~70 ℃	90 ℃左右
指示剂	磺基水杨酸	PAN

三、实验仪器与试剂

(1)仪器：烧杯(100 mL)、玻璃棒、表面皿、水浴锅、容量瓶、淀帚、滤纸等。

(2)试剂。

①氯化铵：固体(A. R.)。

②盐酸：ρ =1.1 g/mL(A. R.)及 1 +1、3 +97 溶液。

③硝酸：ρ =1.42 g/mL。

④氨水：1 +1。

⑤磺基水杨酸指示剂：10% 水溶液(m/V)。

⑥乙酸-乙酸钠缓冲溶液(pH 为 4.3)：将 42.3 g 无水乙酸钠溶于水中，加 80 mL 冰乙酸，然后用水稀释至 1 L，摇匀。

⑦1-(2-吡啶偶氮)-2-萘酚(PAN)指示剂：0.2% 乙醇溶液(m/V)。

⑧EDTA 标准溶液：c(EDTA) =0.015 00 mol/L(参见 EDTA 标定)。

⑨硫酸铜标准溶液：$c(CuSO_4)$ =0.010 00 mol/L[将 2.49 g 硫酸铜($CuSO_4 \cdot 5H_2O$)溶于少量水中，加 4 ~5 滴 1 +1 硫酸，用水稀释至 1 L，摇匀]。

四、实验步骤

1. 水泥样品的分解

准确称取约 0.5 g 水泥试样置于 100 mL 干烧杯中，加 1 g 氯化铵固体，用玻璃棒混匀，盖上表面皿，在通风口下，沿杯口滴加 2 mL 浓盐酸及 2 ~3 滴浓硝酸，仔细搅匀，使试样充分分解。

将烧杯置于沸水浴上，盖上表面皿。待蒸发到近干时(5 ~10 min)[注1]取下，加 10 mL(3 +97)的热盐酸，搅拌使可溶性盐类溶解，用中速定量滤纸抽滤，收集滤液转至 250 mL 容量瓶中，以热盐酸(3+97)为洗液，用淀帚擦洗玻璃棒及烧杯内壁，小心地将沉淀定量地转移到滤纸上，共洗涤沉淀 10~12 次[注2]。冷却后稀释至刻度，摇匀，待用。

2. 氧化铁的测定

吸取 50.00 mL 试液于 400 mL 烧杯中，用少量水淋洗杯壁，稀释后溶液体积约为 100 mL[注3]，加 1 滴磺基水杨酸指示剂，用氨水(1+1)调节至溶液刚出现橙色(大约需要 17 滴)，立即用盐酸(1+1)调至紫红色，再过量 10 滴，溶液 pH 值约为 2。将溶液加热至 60~70 ℃，加 10 滴磺基水杨酸指示剂，以 EDTA 标准溶液滴定到溶液由紫红色变为浅黄色或无色即为终点[注4]。

试样中氧化铁的百分含量按下式计算：

$$\omega(Fe_2O_3)=\frac{\frac{1}{2}c(EDTA)V(EDTA)\times10^{-3}\times M(Fe_2O_3)\times5}{m_{水泥}}\times100\%$$

式中 c(EDTA)——标准溶液的浓度，mol/L；

V(EDTA)——标准溶液的体积，mL；

5——全部试样溶液与滴定所用试样溶液的体积比；

m——试样质量，g。

计算平行测定的相对差值。

3. 氧化铝的测定

在滴定铁后的溶液中，准确加入 13~15 mL EDTA 标准溶液 V_1，然后用水稀释至约 200 mL，将溶液加热至 60~70 ℃(使铝与 EDTA 充分配合)后加入 15 mL 乙酸-乙酸钠缓冲溶液(pH 值约为 4.3)，此时溶液的实际 pH 值为 3.8~4，煮沸 1~2 min，取下，加 10 滴 0.2% PAN 指示剂，以硫酸铜标准溶液滴定至溶液由黄色变为紫色(若铝含量不高，可为浅紫色)即为终点，记录体积读数为 V_2[注5]。

试样中氧化铝的百分含量按下式计算：

$$\omega(Al_2O_3)=\frac{\frac{1}{2}[c(EDTA)V_1-c(CuSO_4)V_2]\times10^{-3}\times M(Al_2O_3)\times5}{m_{水泥}}\times100\%$$

式中 c(EDTA)——标准溶液的浓度，mol/L；

V_1——加入 EDTA 标准溶液的体积，mL；

V_2——滴定时消耗硫酸铜标准溶液的体积，mL；

m——试样质量，g；

5——全部试样溶液与滴定时所用的试样溶液的体积比。

计算平行测定的相对差值。

五、注释

[注 1]硅酸脱水的程度受温度、时间的影响，测定过程中应控制水浴微沸，蒸发时间以 15 min 为宜。

[注 2]洗涤次数以 10~12 次为宜，次数过多，易造成二氧化硅损失。

[注 3]滴定时的体积以 100 mL 左右为宜。体积过大因溶液的浓度太稀，终点变色不明显；体积过小干扰离子浓度增大，同时溶液的温度下降太快不利于滴定。

[注 4]终点时的黄色是否明显,取决于铁的含量,含量低时为浅黄色,含量很低时几乎观察不到黄色,终点时紫红色褪为“无色”。因铁与 EDTA 的反应速度较慢,近终点时要充分搅拌,缓慢滴定,否则易使测定结果偏高。

[注 5]EDTA 的加入量以 Al^{3+} 配合后尚剩余 10 ~ 15 mL 为宜,过量得太多,终点偏蓝;过量得太少,终点偏红,都影响滴定终点的观察。

六、思考题

(1)试分析测定氧化铁、氧化铝的主要误差来源。

(2)滴定 Fe^{3+} 后的溶液再测定其中的 Al^{3+},是否可先提高 pH 值到 4 再加过量的 EDTA?为什么?

(3)滴定氧化铁时的误差对氧化铝的测定有何影响?滴定氧化铝的误差对氧化铁的测定又有何影响?

实验十五　可溶性氯化物中氯含量的测定(莫尔法)

一、实验目的

(1)掌握用莫尔法进行沉淀滴定的原理和方法。

(2)学习 $AgNO_3$ 标准溶液的配制和标定。

二、实验原理

可溶性氯化物中氯含量的测定常采用莫尔法。莫尔法是在中性或弱碱性溶液中,以 K_2CrO_4 为指示剂,用 $AgNO_3$ 标准溶液进行滴定的方法。由于 AgCl 的溶解度比 Ag_2CrO_4 小,溶液中首先析出 AgCl 沉淀,当 AgCl 定量沉淀后,微过量的 $AgNO_3$ 溶液即与 CrO_4^{2-} 生成砖红色 Ag_2CrO_4 沉淀,指示终点的到达。主要反应如下:

$$Ag^+ + Cl^- = AgCl(\text{白色}),K_{sp} = 1.8 \times 10^{-10}$$

$$2Ag^+ + CrO_4^{2-} = Ag_2CrO_4(\text{砖红色}),K_{sp} = 2.0 \times 10^{-12}$$

滴定最适宜 pH 值为 6.5 ~ 10.5。如有 NH_4^+ 存在,溶液的 pH 值最好控制在 6.5 ~ 7.2。

指示剂的用量对滴定有影响,一般以 5×10^{-3} mol/L 为宜。凡是能与 Ag^+ 生成难溶性化合物或络合物的阴离子都干扰测定,如 PO_4^{3-}、AsO_4^{3-}、AsO_3^{3-}、CO_3^{2-}、$C_2O_4^{2-}$ 等。H_2S 可加热煮沸除去,SO_3^{2-} 被氧化成 SO_4^{2-} 后不干扰测定。大量 Cu^{2+}、Ni^+、Co^{2+} 等有色离子将影响终点的观察。凡是能与 CrO_4^{2-} 指示剂生成难溶化合物的阳离子也干扰测定,如 Ba^{2+}、Pb^{2+} 能与 CrO_4^{2-} 分别生成 $BaCrO_4$ 和 $PbCrO_4$ 沉淀。可加入过量 Na_2SO_4 消除 Ba^{2+} 的干扰。Al^{3+}、Fe^{3+}、Bi^{3+}、Sn^{4+} 等高价金属离子在中性或弱碱性溶液中易水解产生沉淀,也不应存在。

三、实验仪器与试剂

(1)仪器:分析天平、烧杯、容量瓶、锥形瓶、吸量管、玻璃棒、移液管、干燥器、瓷坩埚等。

（2）试剂：

①NaCl 基准试剂：在 500～600 ℃灼烧 0.5 h 后，放到干燥器中冷却。也可将 NaCl 置于带盖的瓷坩埚中加热，并不断搅拌，待爆炸声停止后，继续加热 15 min，将坩埚放入干燥器中，冷却后使用。

②$AgNO_3$ 溶液（0.1 mol/L）：称取 8.5 g $AgNO_3$ 溶解于 500 mL 不含 Cl^- 的蒸馏水中，将溶液转入棕色试剂瓶中，黑暗处保存，以防见光分解。

③K_2CrO_4 溶液（50 g/L）。

四、实验步骤

1. $AgNO_3$ 溶液的标定

①指示剂用量对测定有影响，必须定量加入。溶液较稀时，须作指示剂的空白校正，方法如下：取 1 mL K_2CrO_4 指示剂溶液，加入适量水，然后加入无 Cl^- 的 $CaCO_3$ 固体（相当于滴定时 AgCl 的沉淀量），制成相似于实际滴定的浑浊溶液。逐渐滴入 $AgNO_3$ 溶液，至与终点颜色相同为止，记录读数，从滴定试液所消耗的 $AgNO_3$ 体积中扣除此读数。

②准确称取 0.5～0.65 g NaCl 基准物于小烧杯中，用蒸馏水溶解后，定量转入 100 mL 容量瓶中，以水稀释至刻度，摇匀。

③用移液管移取 25.00 mL NaCl 溶液注入 250 mL 锥形瓶中，加入 25 mL 水，用吸量管加入 1 mL K_2CrO_4 溶液[注1]，在不断摇动条件下，用 $AgNO_3$ 溶液滴定至呈现浅橙色即为终点[注2]。平行标定 3 份。根据 $AgNO_3$ 溶液的体积和 NaCl 的质量，计算 $AgNO_3$ 溶液的浓度。

2. 试样分析

准确称取 1.5 g 食盐试样于烧杯中，加水溶解后，定量转入 250 mL 容量瓶中，用水稀释至刻度，摇匀。

用移液管移取 25.00 mL 试液于 250 mL 锥形瓶中，加入 25 mL 水，用 1 mL 吸量管加入 1.00 mL K_2CrO_4 溶液，在不断摇动条件下，用 $AgNO_3$ 标准溶液滴定至溶液呈现浅橙色即为终点。平行测定 3 份。计算试样中氯的含量。

实验完毕后，将装 $AgNO_3$ 溶液的滴定管先用蒸馏水冲洗 2～3 次后，再用自来水洗净，以免 AgCl 残留于管内[注3]。

五、实验数据记录

$M_{试样}$ = ____________ g；$c(AgNO_3)$ ____________ mol/L

将实验数据记录于表 3.10 中。

表 3.10　实验数据记录表

	Ⅰ	Ⅱ	Ⅲ
$AgNO_3$ 溶液体积/mL			
终读数/mL			
始读数/mL			
消耗体积/mL			
平均体积/mL			

六、思考题

(1)莫尔法测氯时,为什么溶液的 pH 值需控制在 6.5 ~ 10.5?

(2)以 K_2CrO_4 作指示剂时,指示剂浓度过大或过小对测定有何影响?

(3)用莫尔法测定"酸性光亮镀铜液"(主要成分为 $CuSO_4$ 和 H_2SO_4)中的氯含量时,试液应作哪些预处理?

七、注释

[注 1]加 1 mL 5% K_2CrO_4 溶液的量要准确,可用吸量管吸取。

[注 2]滴定至接近终点时,乳浊液有所澄清,AgCl 沉淀开始凝聚下降。终点时白色沉淀和黄色指示剂混合的淡黄色中混有少量的砖红色铬酸银沉淀,近乎刚刚出现浅橙色即为终点,很容易滴定,过量时锥形瓶中呈现纯粹的砖红色。

[注 3]滴定管用完后,宜先用蒸馏水洗涤。这是因为自来水中含有 Cl^- 容易生成 AgCl 沉淀附于管壁上,不易洗涤。$AgNO_3$ 溶液和 AgCl 沉淀若洒在台上或溅到水池边上,应立即擦掉或冲掉,以免着色,含银废液应倒入回收瓶中。

实验十六　水样中六价铬的测定

一、实验目的

(1)学习用二苯碳酰二肼分光光度法测定水中六价铬的方法。

(2)进一步熟悉分光光度计和吸量管的使用方法。

二、实验原理

铬能以六价和三价两种形式存在于水中。电镀、制革、制铬酸盐或铬酐等工业废水,均可污染水源,使水中含有铬。医学研究发现,六价铬有致癌的危险,其毒性比三价铬强 100 倍。按规定,生活饮用水铬(Ⅵ)不得超过 0.05 mg/L (GB 5749—2006),地面水中铬(Ⅵ)含量不得超过 0.1 mg/L(GB 3838—2002),污水中铬(Ⅵ)和总铬最高允许排放量分别为 0.5 mg/L 和 1.5 mg/L(GB 8978—1996)。

测定微量铬的方法很多,常采用分光光度法和吸光光度法。吸光光度法中,选择合适的显色剂,可以测定六价铬,将三价氧化为六价,可以测定总铬。

吸光光度法测定六价铬,国家标准采用二苯碳酰二肼[$CO(NH \cdot NH \cdot C_6H_5)_2$](DPCI)作为显色剂,在酸性条件下,六价铬与 DPCI 反应生成紫红色化合物,可以直接用吸光光度法测定,也可以用萃取光度法测定,最大吸收波长为 540 nm 左右,摩尔吸收系数 ε 为 2.6×10^4 ~ 4.17×10^4 L/(mol · cm)。

铬(Ⅵ)与 DPCI 的显色酸度为 0.1 mol/L H_2SO_4 介质。显色温度以 15 ℃最适宜,温度低了显色慢,高了稳定性较差。显色反应在 2 ~ 3 min 内可以完成,有色化合物在 1.5 h 内稳定。

低价汞离子和高价汞离子与 DPCI 试剂作用生成蓝色或蓝紫色化合物而产生干扰，但在所控制的酸度下，反应不甚灵敏。铁的浓度大于 1 mg/L 时，将与试剂生成黄色化合物而引起干扰，可加入 H_3PO_4 与 Fe^{3+} 络合而消除。钒(V)的干扰与铁相似，但与试剂形成的棕黄色化合物很不稳定，颜色会很快褪去(约 20 min)，因此可不予考虑。少量 Cu^{2+}、Ag^{+}、Au^{3+} 等在一定程度上干扰。钼与试剂生成紫红色化合物，但灵敏度低，钼低于 0.2 mg/mL 时不干扰。适量中性盐不干扰测定。还原性物质干扰测定。

用此法测定水中六价铬，当取样体积为 25.00 mL 时使用 1 cm 比色皿，最小检出限为 0.2 μg，最低检出浓度为 0.004 mg/L。

三、实验仪器与试剂

(1)仪器:722S 分光光度计、移液管、吸量管、比色管、烧杯、容量瓶、玻璃棒等。

(2)试剂。

①铬标准溶液贮备液。准确称取于 120 ℃下干燥 2 h 的 $K_2Cr_2O_7$ 基准物 0.283 0 g 于 50 mL 烧杯中，用水溶解后转至 1 000 mL 容量瓶中，稀释至刻度，摇匀。此 Cr(Ⅵ)溶液的浓度为 0.100 g/L。

②铬标准溶液操作液。用吸量管移取铬贮备液 50.00 mL 于 1 000 mL 容量瓶中，用水稀释至刻度，摇匀，得到 5.0 mg/L Cr(Ⅵ)溶液。临用时新配。

③二苯碳酰二肼-丙酮溶液 2 g/L。称取 0.1 g DPCI，溶于 25 mL 丙酮后，用水稀释至 50 mL，摇匀。贮于棕色瓶中，放入冰箱中保存，颜色变深后不能使用。

④H_2SO_4 溶液(50%)、H_3PO_4 溶液(50%)。

四、实验步骤

1. 测算标准曲线方程

用移液管分别吸取 0、1.50、3.00、4.50、6.00 mL 含铬标准溶液到 1 号、2 号、3 号、4 号和 5 号比色管中，均用水稀释至 20 mL 左右，加入 50% H_3PO_4 和 50% H_2SO_4 溶液各 4 滴，加入 0.2% 二苯碳酰二肼-丙酮溶液 1.00 mL，立刻摇匀，分别加入去离子水至 25.00 mL 刻度线，5 ~ 10 min 后，采用 1 cm 比色皿，以 1 号溶液作参比，在 540 nm 波长处，用 722S 分光光度计分别测定其吸光度，并记录数据于表 3.11 中。

铬标液浓度 <u>5.0</u> mg/L。

表 3.11 实验数据记录表 1

Cr(Ⅵ)标液体积/mL	Cr(Ⅵ)标准浓度/($mg \cdot L^{-1}$)	吸光度 A

2. 测定含铬废水的六价铬含量

准确吸取含铬废水 20.00 mL 于 25.00 mL 比色管中,加入 50% 磷酸和 50% 硫酸各 4 滴,加入 0.2% 二苯碳酰二肼-丙酮溶液 1.00 mL,再加去离子水至 25.00 mL 刻度。用 1 cm 比色皿,以 1 号溶液作参比,在 540 nm 波长处,用 722S 分光光度计分别测定其吸光度,再根据测量得到的 1、2、3、4、5 号含铬标准溶液的吸光度数值,用 Excel 计算出的标准曲线方程,计算出原含铬废液中六价铬的含量,用 mg/L 表示。判断其是否低于 0.50 mg/L 的排放标准。

数据记录:

吸光度测定条件:λ = ________nm,　b = ________cm,

将实验数据记录于表 3.12 中。

表 3.12　实验数据记录表 2

	含铬废水/mL	显色剂/mL	50% H_3PO_4 溶液	50% H_2SO_4 溶液	补纯水至总体积/mL	吸光度 A	由标准曲线方程计算出浓度 $c_{测}$
待测管	20.00	1.00	4 滴	4 滴	25.00		

五、思考题

如果实验中水样所测得的吸光度值不在标准曲线的范围内,怎么处理?

附　录

附表 1　国际标准相对原子质量

原子序数	名称	符号	相对原子质量	原子序数	名称	符号	相对原子质量
1	氢	H	1.008	19	钾	K	39.10
2	氦	He	4.003	20	钙	Ca	40.08
3	锂	Li	6.941	21	钪	Sc	44.96
4	铍	Be	9.012	22	钛	Ti	47.87
5	硼	B	10.81	23	钒	V	50.94
6	碳	C	12.01	24	铬	Cr	52.00
7	氮	N	14.01	25	锰	Mn	54.94
8	氧	O	16.00	26	铁	Fe	55.85
9	氟	F	19.00	27	钴	Co	58.93
10	氖	Ne	20.18	28	镍	Ni	58.69
11	钠	Na	22.99	29	铜	Cu	63.55
12	镁	Mg	24.31	30	锌	Zn	65.41
13	铝	Al	26.98	31	镓	Ga	69.72
14	硅	Si	28.09	32	锗	Ge	72.61
15	磷	P	30.97	33	砷	As	74.92
16	硫	S	32.07	34	硒	Se	78.96
17	氯	Cl	35.45	35	溴	Br	79.90
18	氩	Ar	39.95	36	氪	Kr	83.80

续表

原子序数	名称	符号	相对原子质量	原子序数	名称	符号	相对原子质量
37	铷	Rb	85.47	68	铒	Er	167.3
38	锶	Sr	87.62	69	铥	Tm	168.9
39	钇	Y	88.91	70	镱	Yb	173.0
40	锆	Zr	91.22	71	镥	Lu	175.0
41	铌	Nb	92.91	72	铪	Hf	178.5
42	钼	Mo	95.94	73	钽	Ta	180.9
43	锝	Tc	97.97	74	钨	W	183.8
44	钌	Ru	101.1	75	铼	Re	186.2
45	铑	Rh	102.9	76	锇	Os	190.2
46	钯	Pd	106.4	77	铱	Ir	192.2
47	银	Ag	107.9	78	铂	Pt	195.1
48	镉	Cd	112.4	79	金	Au	197.0
49	铟	In	114.8	80	汞	Hg	200.6
50	锡	Sn	118.7	81	铊	Tl	204.4
51	锑	Sb	121.8	82	铅	Pb	207.2
52	碲	Te	127.6	83	铋	Bi	209.0
53	碘	I	126.9	84	钋	Po	209.0
54	氙	Xe	131.3	85	砹	Rn	[210.0]
55	铯	Cs	132.9	86	氡	Fr	[222.0]
56	钡	Ba	137.3	87	钫	Ra	[223.0]
57	镧	La	138.9	88	镭	Ra	[226.0]
58	铈	Ce	140.1	89	锕	Ac	[227.0]
59	镨	Pr	140.9	90	钍	Th	[232.0]
60	钕	Nd	144.2	91	镤	Pa	[231.0]
61	钷	Pm	[144.9]	92	铀	U	[238.0]
62	钐	Sm	150.4	93	镎	Np	[237.1]
63	铕	Eu	152.0	94	钚	Pu	[244.1]
64	钆	Gd	157.3	95	镅	Am	[243.1]
65	铽	Tb	158.9	96	锔	Cm	[247.1]
66	镝	Dy	162.5	97	锫	Bk	[247.1]
67	钬	Ho	164.9	98	锎	Cf	[251.1]

续表

原子序数	名称	符号	相对原子质量	原子序数	名称	符号	相对原子质量
99	锿	Es	[252.1]	109	鿏*	Mt	[268]
100	镄	Fm	[257.1]	110	鐽	Ds	[269]
101	钔	Md	[258.1]	111	𬬭	Rg	[272]
102	锘	No	[259.1]	112	鎶	Cn	[277]
103	铹	Lr	[262.1]	113	暂无	Uut	[278]
104	𬬻*	Rf	[261.1]	114	𫓧	Fl	[289]
105	𬭊*	Db	[262.1]	115	暂无	Uup	[288]
106	𬭳*	Sg	[263.1]	116	𫟷	Lv	[289]
107	𬭛*	Bh	[264.1]	117	暂无	Uus	[294]
108	𬭶*	Hs	[265.1]	118	暂无	Uuo	[294]

注：(1)相对原子质量加[ ]为放射性元素半衰期最长同位素的质量数；
(2)元素名称注有*的为人造元素。

附录2 常用化合物的相对分子质量

化合物	相对分子质量	化合物	相对分子质量	化合物	相对分子质量
Ag_3AsO_4	462.52	$BaCl_2$	208.24	$Ce(SO_4)_2$	332.24
AgBr	187.77	$BaCl_2 \cdot 2H_2O$	244.27	$Ce(SO_4)_2 \cdot 4H_2O$	404.30
AgCl	143.32	$BaCrO_4$	253.32	$CoCl_2$	129.84
AgCN	133.89	BaO	153.33	$CoCl_2 \cdot 6H_2O$	237.93
AgSCN	165.95	$Ba(OH)_2$	171.34	$Co(NO_3)_2$	182.94
$AlCl_3$	133.34	$BaSO_4$	233.39	$Co(NO_3)_2 \cdot 6H_2O$	291.03
Ag_2CrO_4	331.73	$BiCl_3$	315.34	CoS	90.99
AgI	234.77	BiOCl	260.43	$CoSO_4$	154.99
$AgNO_3$	169.87	CO_2	44.01	$CoSO_4 \cdot 7H_2O$	281.10
$AlCl_3 \cdot 6H_2O$	241.43	CaO	56.08	$CO(NH_2)_2$(尿素)	60.06
$Al(NO_3)_3$	213.00	$CaCO_3$	100.09	$CS(NH_2)_2$(硫脲)	76.116
$Al(NO_3)_3 \cdot 9H_2O$	375.13	CaC_2O_4	128.10	C_6H_5OH	94.113
Al_2O_3	101.96	$CaCl_2$	110.99	CH_2O	30.03
$Al(OH)_3$	78.00	$CaCl_2 \cdot 6H_2O$	219.08	$C_{14}H_{14}N_3O_3SNa$(甲基橙)	327.33
$Al_2(SO_4)_3$	342.14	$Ca(NO_3)_2 \cdot 4H_2O$	236.15	$C_6H_5NO_3$(硝基酚)	139.11

续表

化合物	相对分子质量	化合物	相对分子质量	化合物	相对分子质量
$Al_2(SO_4)_3 \cdot 18H_2O$	666.41	$Ca(OH)_2$	74.09	$C_4H_8N_2O_2$（丁二酮肟）	116.12
As_2O_3	197.84	$Ca_3(PO_4)_2$	310.18	$(CH_2)_6N_4$（六亚甲基四胺）	140.19
As_2O_5	229.84	$CaSO_4$	136.14	$C_7H_6O_6S \cdot 2H_2O$（磺基水杨酸）	254.22
As_2S_3	246.03	$CdCO_3$	172.42	C_9H_6NOH（8-羟基喹啉）	145.16
$BaCO_3$	197.34	$CdCl_2$	183.82	$C_{12}H_8N_2 \cdot H_2O$（邻菲罗啉）	198.22
BaC_2O_4	225.35	CdS	144.47	$C_2H_5NO_2$（氨基乙酸、甘氨酸）	75.07
$C_6H_{12}N_2O_4S_2$（L-胱氨酸）	240.30	FeO	71.85	HCl	36.46
$CrCl_3$	158.36	Fe_2O_3	159.69	HF	20.01
$CrCl_3 \cdot 6H_2O$	266.45	Fe_3O_4	231.54	HI	127.91
$Cr(NO_3)_3$	238.01	$Fe(OH)_3$	106.87	HIO_3	175.91
Cr_2O_3	151.99	FeS	87.91	HNO_2	47.01
CuCl	99.00	Fe_2S_3	207.87	HNO_3	63.01
$CuCl_2$	134.45	$FeSO_4$	151.91	H_2O	18.015
$CuCl_2 \cdot 2H_2O$	170.48	$FeSO_4 \cdot 7H_2O$	278.01	H_2O_2	34.02
CuSCN	121.62	$Fe(NH_4)_2(SO_4)_2 \cdot 6H_2O$	392.13	H_3PO_4	98.00
CuI	190.45	H_3AsO_3	125.94	H_2S	34.08
$Cu(NO_3)_2$	187.56	$H_3A_sO_4$	141.94	H_2SO_3	82.07
$Cu(NO_3) \cdot 3H_2O$	241.60	H_3BO_3	61.83	H_2SO_4	98.07
CuO	79.54	HBr	80.91	$Hg(CN)_2$	252.63
Cu_2O	143.09	HCN	27.03	$HgCl_2$	271.50
CuS	95.61	HCOOH	46.03	Hg_2Cl_2	472.09
$CuSO_4$	159.06	CH_3COOH	60.05	HgI_2	454.40

续表

化合物	相对分子质量	化合物	相对分子质量	化合物	相对分子质量
$CuSO_4 \cdot 5H_2O$	249.68	H_2CO_3	62.02	$Hg_2(NO_3)_2$	525.19
$FeCl_2$	126.75	$H_2C_2O_4$	90.04	$Hg_2(NO_3)_2 \cdot 2H_2O$	561.22
$FeCl_2 \cdot 4H_2O$	198.81	$H_2C_2O_4 \cdot 2H_2O$	126.07	$Hg(NO_3)_2$	324.60
$FeCl_3$	162.21	$H_2C_4H_4O_4$（丁二酸）	118.09	HgO	216.59
$FeCl_3 \cdot 6H_2O$	270.30	$H_2C_4H_4O_6$（酒石酸）	150.09	HgS	232.65
$FeNH_4(SO_4)_2 \cdot 12H_2O$	482.18	$H_3C_6H_5O_7 \cdot H_2O$（柠檬酸）	210.14	$HgSO_4$	296.65
$Fe(NO_3)_3$	241.86	$H_2C_4H_4O_5$（DL-苹果酸）	134.09	Hg_2SO_4	497.24
$Fe(NO_3)_3 \cdot 9H_2O$	404.00	$HC_3H_6NO_2$（DL-α-丙氨酸）	89.10	$KAl(SO_4)_2 \cdot 12H_2O$	474.38
KBr	119.00	KNO_2	85.10	NH_3	17.03
$KBrO_3$	167.00	K_2O	94.20	CH_3COONH_4	77.08
KCl	74.55	KOH	56.11	$NH_2OH \cdot HCl$（盐酸羟氨）	69.49
$KClO_3$	122.55	K_2SO_4	174.25	NH_4Cl	53.49
$KClO_4$	138.55	$MgCO_3$	84.31	$(NH_4)_2CO_3$	96.09
KCN	65.12	$MgCl_2$	95.21	$MnCO_3$	114.95
KSCN	97.18	$MgCl_2 \cdot 6H_2O$	203.30	$MnCl_2 \cdot 4H_2O$	197.91
K_2CO_3	138.21	MgC_2O_4	112.33	$Mn(NO_3)_2 \cdot 6H_2O$	287.04
K_2CrO_4	194.19	$Mg(NO_3)_2 \cdot 6H_2O$	256.41	MnO	70.94
$K_2Cr_2O_7$	294.18	$MgNH_4PO_4$	137.32	MnO_2	86.94
$K_3Fe(CN)_6$	329.25	MgO	40.30	MnS	87.00
$K_4Fe(CN)_6$	368.35	$Mg(OH)_2$	58.32	$MnSO_4$	151.00
$KFe(SO_4)_2 \cdot 12H_2O$	503.24	$Mg_2P_2O_7$	222.55	$Hg(NO_3)_2$	324.60
$KHC_2O_4 \cdot H_2O$	146.14	$MgSO_4 \cdot 7H_2O$	246.47	HgO	216.59
$KHC_2O_4 \cdot H_2C_2O_4 \cdot H_2O$	254.19	$MnCO_3$	114.95	HgS	232.65

续表

化合物	相对分子质量	化合物	相对分子质量	化合物	相对分子质量
$KHC_4H_4O_6$（酒石酸氢钾）	188.18	$MnCl_2 \cdot 4H_2O$	197.91	$HgSO_4$	296.65
$KHC_8H_4O_4$（邻苯二甲酸氢钾）	204.22	$Mn(NO_3)_2 \cdot 6H_2O$	287.04	Hg_2SO_4	497.24
$KHSO_4$	136.16	MnO	70.94	$KAl(SO_4)_2 \cdot 12H_2O$	474.38
KI	166.00	MnO_2	86.94	KBr	119.00
KIO_3	214.00	MnS	87.00	$KBrO_3$	167.00
$KIO_3 \cdot HIO_3$	389.91	$MnSO_4$	151.00	KCl	74.55
$KMnO_4$	158.03	$MnSO_4 \cdot 4H_2O$	223.06	$KClO_3$	122.55
$KNaC_4H_4O_6 \cdot 4H_2O$	282.22	NO	30.01	$KClO_4$	138.55
KNO_3	101.10	NO_2	46.01	KCN	65.12
$KSCN$	97.18	$MgCl_2 \cdot 6H_2O$	203.30	$(NH_4)_2C_2O_4 \cdot H_2O$	30.01
K_2CO_3	138.21	MgC_2O_4	112.33	NH_4SCN	46.01
K_2CrO_4	194.19	$Mg(NO_3)_2 \cdot 6H_2O$	256.41	NH_4HCO_3	17.03
$K_2Cr_2O_7$	294.18	$MgNH_4PO_4$	137.32	$(NH_4)_2MoO_4$	77.08
$K_3Fe(CN)_6$	329.25	MgO	40.30	NH_4NO_3	69.49
$K_4Fe(CN)_6$	368.35	$Mg(OH)_2$	58.32	$(NH_4)_2HPO_4$	53.49
$KFe(SO_4)_2 \cdot 12H_2O$	503.24	$Mg_2P_2O_7$	222.55	$(NH_4)_2S$	68.14
$KHC_2O_4 \cdot H_2O$	146.14	$MgSO_4 \cdot 7H_2O$	246.47	$(NH_4)_2SO_4$	132.13
$KHC_2O_4 \cdot H_2C_2O_4 \cdot H_2O$	254.19	$MnCO_3$	114.95	NH_4VO_3	116.98
$KHC_4H_4O_6$（酒石酸氢钾）	188.18	$MnCl_2 \cdot 4H_2O$	197.91	Na_3AsO_3	191.89
$KHC_8H_4O_4$（邻苯二甲酸氢钾）	204.22	$Mn(NO_3)_2 \cdot 6H_2O$	287.04	$Na_2B_4O_7$	201.22
$KHSO_4$	136.16	MnO	70.94	$Na_2B_4O_7 \cdot 10H_2O$	381.37
KI	166.00	MnO_2	86.94	$NaBiO_3$	279.97
KIO_3	214.00	MnS	87.00	$NaCN$	49.01
$KIO_3 \cdot HIO_3$	389.91	$MnSO_4$	151.00	$NaSCN$	81.07
$KMnO_4$	158.03	$MnSO_4 \cdot 4H_2O$	223.06	Na_2CO_3	105.99

续表

化合物	相对分子质量	化合物	相对分子质量	化合物	相对分子质量
$KNaC_4H_4O_6 \cdot {}_4H_2O$	282.22	NO	30.01	$Na_2CO_3 \cdot 10H_2O$	286.14
KNO_3	101.10	NO_2	46.01	$Na_2C_2O_4$	134.00
KNO_2	85.10	NH_3	17.03	CH_3COONa	82.03
K_2O	94.20	CH_3COONH_4	77.08	$CH_3COONa \cdot 3H_2O$	136.08
KOH	56.11	$NH_2OH \cdot HCl$（盐酸羟氨）	69.49	$Na_3C_6H_5O_7$（柠檬酸钠）	258.07
K_2SO_4	174.25	NH_4Cl	53.49	$NaC_5H_8NO_4 \cdot H_2O$（L-谷氨酸钠）	187.13
$MgCO_3$	84.31	$(NH_4)_2CO_3$	96.09	$NaCl$	58.44
$MgCl_2$	95.21	$(NH_4)_2C_2O_4$	223.06	$NaClO$	74.44
$NaHCO_3$	84.01	$PbCO_3$	267.21	$SnCl_4$	260.50
$Na_2HPO_4 \cdot 12H_2O$	358.14	PbC_2O_4	295.22	$SnCl_4 \cdot 5H_2O$	350.58
$Na_2H_2C_{10}H_{12}O_8N_2$（EDTA 二钠盐）	336.21	$PbCl_2$	278.10	SnO_2	150.69
$Na_2H_2C_{10}H_{12}O_8N_2 \cdot 2H_2O$	372.24	$PbCrO_4$	323.19	SnS_2	150.75
$NaNO_2$	69.00	$Pb(CH_3COO)_2 \cdot 3H_2O$	379.30	$SrCO_3$	147.63
$NaNO_3$	85.00	$Pb(CH_3COO)_2$	325.29	SrC_2O_4	175.64
Na_2O	61.98	PbI_2	461.01	$SrCrO_4$	203.61
Na_2O_2	77.98	$Pb(NO_3)_2$	331.21	$Sr(NO_3)_2$	211.63
$NaOH$	40.00	PbO	223.20	$Sr(NO_3)_2 \cdot 4H_2O$	283.69
Na_3PO_4	163.94	PbO_2	239.20	$SrSO_4$	183.69
Na_2S	78.04	$Pb_3(PO_4)_2$	811.54	$ZnCO_3$	125.39
$Na_2S \cdot 9H_2O$	240.18	PbS	239.30	$UO_2(CH_3COO)_2 \cdot 2H_2O$	424.15
Na_2SO_3	126.04	$PbSO_4$	303.30	ZnC_2O_4	153.40
Na_2SO_4	142.04	SO_3	80.06	$ZnCl_2$	136.29
$Na_2S_2O_3$	158.10	SO_2	64.06	$Zn(CH_3COO)_2$	183.47
$Na_2S_2O_3 \cdot 5H_2O$	248.17	$SbCl_3$	228.11	$Zn(CH_3COO)_2 \cdot 2H_2O$	219.50

续表

化合物	相对分子质量	化合物	相对分子质量	化合物	相对分子质量
$NiCl_2 \cdot 6H_2O$	237.70	$SbCl_5$	299.02	$Zn(NO_3)_2$	189.39
NiO	74.70	Sb_2O_3	291.50	$Zn(NO_3)_2 \cdot 6H_2O$	297.48
$Ni(NO_3)_2 \cdot 6H_2O$	290.80	Sb_2S_3	339.68	ZnO	81.38
NiS	90.76	SiF_4	104.08	ZnS	97.44
$NiSO_4 \cdot 7H_2O$	280.86	SiO_2	60.08	$ZnSO_4$	161.54
$Ni(C_4H_7N_2O_2)_2$（丁二酮肟合镍）	288.91	$SnCl_2$	189.60	$ZnSO_4 \cdot 7H_2O$	287.55
P_2O_5	141.95	$SnCl_2 \cdot 2H_2O$	225.63		

附表3　实验室常用酸、碱溶液的浓度

溶液名称	密度/$(g \cdot L^{-1})$ 20 ℃	质量分数/%	物质的量浓度/$(mol \cdot L^{-1})$
浓 H_2SO_4	1.84	98	18
稀 H_2SO_4	1.18	25	3
	1.06	9	1
浓 HCl	1.19	38	12
稀 HCl	1.10	20	6
	1.03	7	2
浓 HNO_3	1.42	69	16
稀 HNO_3	1.20	33	6
	1.07	12	2
稀 $HClO_4$	1.12	19	2
浓 HF	1.13	40	23
HBr	1.38	40	7
HI	1.70	57	7.5
冰 HAc	1.05	99	17
稀 HAc	1.04	35	6
	1.02	12	2

续表

溶液名称	密度/($g \cdot cm^{-3}$) 20 ℃	质量分数/%	物质的量浓度/($mol \cdot L^{-1}$)
浓 NaOH	1.43	40	14
	1.33	30	13
稀 NaOH	1.09	8	2
浓($NH_3 \cdot H_2O$)	0.88	35	18
	0.91	25	13.5
稀($NH_3 \cdot H_2O$)	0.96	11	6
	0.99	3.5	2
$Ba(OH)_2$(饱和)	—	2	0.1
$Ca(OH)_2$(饱和)	—	0.15	—

附表4　酸碱指示剂

指示剂	变色范围 pH	颜色变化	pK_{HIn}	浓度	用量(/10 mL 试液)
百里酚蓝(第一次变色)	1.2~2.8	红~黄	1.62	0.1%的20%乙醇溶液	1~2
甲基黄	2.9~4.0	红~黄	3.25	0.1%的90%乙醇溶液	1
甲基橙	3.1~4.4	红~黄	3.45	0.1%的水溶液	1
溴酚蓝	3.1~4.6	黄~紫	4.1	0.1%的20%乙醇溶液或其钠盐水溶液	1
溴甲酚绿	3.8~5.6	黄~蓝	4.9	0.1%的20%乙醇溶液或其钠盐水溶液	1~3
甲基红	4.4~6.2	红~黄	5.0	0.1%的60%乙醇溶液或其钠盐水溶液	1
溴百里酚蓝	5.2~7.6	黄~蓝	7.3	0.1%的20%乙醇溶液或其钠盐水溶液	1
中性红	6.8~8.0	红~黄橙	7.4	0.1%的60%乙醇溶液	1
苯酚红	6.8~8.4	黄~红	8.0	0.1%的60%乙醇溶液或其钠盐水溶液	1

续表

指示剂	变色范围 pH	颜色变化	pK_{HIn}	浓度	用量 (/10 mL 试液)
酚酞	8.0～10.0	无～红	9.1	0.1% 的 90% 乙醇溶液	1～3
百里酚蓝（第二次变色）	8.0～9.6	黄～蓝	8.9	0.1% 的 20% 乙醇溶液	1～4
百里酚酞	9.4～10.6	无～蓝	10.0	0.1% 的 90% 乙醇溶液	1～2

注：这里列出的是室温下，水溶液中各种指示剂的变色范围。实际上当温度改变或溶剂不同时，指示剂的变色范围是要移动的。因此，溶液中盐类的存在也会使指示剂的变色范围发生移动。

附表 5　氧化还原指示剂

指示剂名称	E/V，$[H^+]$ = 1 mol/L	颜色变化		溶液配制方法
		氧化态	还原态	
中性红	0.24	红	无色	0.5 g/L 的 60% 乙醇溶液
亚甲基蓝	0.36	蓝	无色	0.5 g/L 水溶液
变胺蓝	0.59（pH＝2）	无色	蓝色	0.5 g/L 水溶液
二苯胺	0.76	紫	无色	10 g/L 的浓硫酸溶液
二苯胺磺酸钠	0.85	紫红	无色	0.5 g/L 的水溶液，如溶液浑浊，可滴加少量盐酸
N-邻苯胺基苯甲酸	1.08	紫红	无色	0.1 g 指示剂加 20 mL 50 g/L 的 Na_2CO_3 溶液，用水稀释至 100 mL
邻二氮菲-Fe（Ⅱ）	1.06	浅蓝	红	1.485 g 邻二氮菲加 0.695 g $FeSO_4$，溶于 100 mL 水中（0.25 mol/L 水溶液）
5-硝基邻二氮菲-Fe（Ⅱ）	1.25	浅蓝	紫红	1.608 g 5-硝基邻二氮菲加 0.695 g $FeSO_4$，溶于 100 mL 水中（0.025 mol/L 水溶液）

附录6 金属离子指示剂

名称	配制方法	测定元素	颜色变化	测定条件
酸性铬蓝 K	0.01%乙醇溶液	Ca Mg	红~蓝 红~蓝	pH=12 pH=10(氨性缓冲溶液)
钙指示剂	与 NaCl 配成 1∶100 的固体混合物	Ca	酒红~蓝	pH>12(KOH 或 NaOH)
铬天青 S	0.4%水溶液	Al Cu Fe(Ⅲ) Mg	紫~黄橙 蓝紫~黄 蓝~橙 红~黄	pH=4(醋酸缓冲溶液) pH=6~6.5(醋酸缓冲溶液) pH=2~3 pH=10~11(氨性缓冲溶液)
双硫腙	0.03%乙醇溶液	Zn	红~绿紫	pH=4.5,50%乙醇溶液
铬黑 T	与 NaCl 配成 1∶100 的固体混合物	Al Bi Ca Cd Mg Mn Ni Pb Zn	蓝~红 蓝~红 红~蓝 红~蓝 红~蓝 红~蓝 红~蓝 红~蓝 红~蓝	pH=7~8,吡啶存在下,以 Zn^{2+} 回滴 pH=9~10,加入 EDTA-Mg pH=10,加入 EDTA-Mg pH=10(氨性缓冲溶液) pH=10(氨性缓冲溶液) pH=9 氨性缓冲溶液,加羟胺 pH=10(氨性缓冲溶液) pH=9 氨性缓冲溶液,加酒石酸钾 pH=6.8~10(氨性缓冲溶液)
紫脲酸铵	与 NaCl 配成 1∶100 的固体混和物	Ca Co Cu Ni	红~紫 黄~紫 黄~紫 黄~紫红	pH>10(NaOH),25%乙醇 pH=8~10(氨性缓冲溶液) pH=7~8(氨性缓冲溶液) pH=8.5~11.5(氨性缓冲溶液)
PAN	0.1%乙醇(或甲醇)溶液	Cd Co Cu Zn	红~黄 黄~红 紫~黄 红~黄 柑红~黄	pH=6(醋酸缓冲溶液) 醋酸缓冲溶液,70~80 ℃以 Cu^{2+} 回滴 pH=10(氨性缓冲溶液) pH=6(醋酸缓冲溶液) pH=5~7(醋酸缓冲溶液)

续表

名称	配制方法	测定元素	颜色变化	测定条件
PAR	0.05%或0.2%水溶液	Bi Cu Pb	红~黄 红~黄(绿) 红~黄	pH=1~2(HNO_3) pH=5~11(六亚甲基四胺,氨性缓冲溶液 六亚甲基四胺或氨性缓冲溶液氨性缓冲溶液)
邻苯二酚紫	0.1%水溶液	Cd Co Ca Fe(Ⅱ) Mg Mn Pb Zn	蓝~红紫 蓝~红紫 蓝~黄绿 黄绿~蓝 蓝~红紫 蓝~红紫 蓝~黄 蓝~红紫	pH=10(氨性缓冲溶液) pH=8~9(氨性缓冲溶液) pH=6~7(吡啶溶液) pH=6~7,吡啶存在下,Cu^{2+}回滴 pH=10(氨性缓冲溶液) pH=9(氨性缓冲溶液),加羟胺 pH=5.5(六亚甲基四胺) pH=10(氨性缓冲溶液)
磺基水杨酸	1%~2%水溶液	Fe(Ⅲ)	红紫~黄	pH=1.5~3
试钛灵	2%水溶液	Fe(Ⅲ)	蓝~黄	pH=2~3(醋酸热溶液)
二甲酚橙 XO	0.5%乙醇(或水)溶液	Bi Cd Pb Th(Ⅳ) Zn	红~黄 粉红~黄 红紫~黄 红~黄 红~黄	pH=1~2(HNO_3) pH=5~6(六亚甲基四胺) pH=5~6(醋酸缓冲溶液) pH=1.5~3.5(HNO_3) pH=5~6(醋酸缓冲溶液)

附表7 实验室中一些试剂的配制方法

试剂名称	浓度/($mol \cdot L^{-1}$)	配制方法
硫化钠 Na_2S	1	称取240 g $Na_2S \cdot 9H_2O$、40 g NaOH溶于适量水中,稀释至1 L,混匀
硫化铵 $(NH_4)_2S$	3	通 H_2S 于200 mL浓 $NH_3 \cdot H_2O$ 中直至饱和,然后再加200 mL浓 $NH_3 \cdot H_2O$,最后加水稀释至1 L,混匀
氯化亚锡 $SnCl_2$	0.25	称取56.4 g $SnCl_2 \cdot 2H_2O$ 溶于100 mL浓HCl中,加水稀释至1 L,在溶液中放几颗纯锡粒
氯化铁 $FeCl_3$	0.5	称取135.2 g $FeCl_3 \cdot 6H_2O$ 溶于100 mL 6 mol/L HCl中,加水稀释至1 L

续表

试剂名称	浓度/($mol \cdot L^{-1}$)	配制方法
三氯化铬 $CrCl_3$	0.1	称取 26.7 g $CrCl_3 \cdot 6H_2O$ 溶于 30 mL 6 mol/L HCl 中,加水稀释至 1 L
硝酸亚汞 $Hg_2(NO_3)_2$	0.1	称取 56 g $Hg_2(NO_3)_2 \cdot 2H_2O$ 溶于 250 mL 6 mol/L HNO_3 中,加水稀释至 1 L,并加入少许金属汞
硝酸铅 $Pb(NO_3)_2$	0.25	称取 83 g $Pb(NO_3)_2$ 溶于少量水中,加入 15 mL 6 mol/L HNO_3,用水稀释至 1 L
硝酸铋 $Bi(NO_3)_3$	0.1	称取 48.5 g $Bi(NO_3)_3 \cdot 5H_2O$ 溶于 250 mL 1 mol/L HNO_3 中,加水稀释至 1 L
硫酸亚铁 $FeSO_4$	0.25	称取 69.5 g $FeSO_4 \cdot 7H_2O$ 溶于适量水中,加入 5 mL 18 mol/L 的 H_2SO_4,再加水稀释至 1 L,并置入小铁钉数枚
Cl_2 水	Cl_2 的饱和溶液	将 Cl_2 通入水中至饱和为止(用时临时配制)
Br_2 水	Br_2 的饱和水溶液	在带有良好磨口塞的玻璃瓶内,将市售的 Br_2 约 50 g(16 mL)注入 1 L 水中,在 2 h 内经常剧烈振荡,每次振荡之后微开塞子,使积聚的 Br_2 蒸气放出,在储存瓶底总有过量的溴。将 Br_2 倒入试剂瓶时,剩余的 Br_2 应留于储存瓶中,而不倒入试剂瓶(倾倒 Br_2 或 Br_2 水时,应在通风橱中进行,将凡士林涂在手上或戴橡皮手套操作,以防 Br_2 蒸气灼伤)
I_2 水	约 0.005	将 1.3 g I_2 和 5 g KI 溶解在尽可能少量的水中,待 I_2 完全溶解后(充分搅动)再加水稀释至 1 L
对氨基苯磺酸	0.34	0.5 g 对氨基苯磺酸溶于 150 mL 2 mol/L HAc 溶液中
α-萘胺	0.12	0.3 g α-萘胺加 20 mL 水,加热煮沸,在所得溶液中加入 150 mL 2 mol/L HAc
钼酸铵	—	5 g 钼酸铵溶于 100 mL 水中,加入 35 mL HNO_3(密度 1.2 g/mL)
硫代乙酰胺	5	5 g 硫代乙酰胺溶于 100 mL 水中
钙指示剂	0.2	0.2 g 钙指示剂溶于 100 mL 水中
镁试剂	0.007	0.001 g 对硝基偶氮间苯二酚溶于 100 mL 2 mol/L NaOH 中
铝试剂	1	1 g 铝试剂溶于 1 L 水中
二苯硫腙	0.01	10 mg 二苯硫腙溶于 100 mL CCl_4 中
丁二酮肟	1	1 g 丁二酮肟溶于 100 mL 95% 乙醇中
醋酸铀酰锌	—	(1)10 g $VO_2(Ac)_2 \cdot 2H_2O$ 和 6 mL 6 mol/L HAc 溶于 50 mL 水中;(2)30 g $Zn(Ac)_2 \cdot 2H_2O$ 和 3 mL 6 mol/L HCl 溶于 50 mL 水中。将(1)、(2)两种溶液混合,24 h 后取清液使用

续表

试剂名称	浓度/($mol \cdot L^{-1}$)	配制方法
二苯碳酰二肼(二苯偕肼)	0.04	0.04 g 二苯碳酰二肼溶于 20 mL 95% 乙醇中，边搅拌，边加入 80 mL(1:9)H_2SO_4，存于冰箱中可用一个月
六亚硝酸合钴(Ⅲ)钠盐	—	$Na_3[Co(NO_2)_6]$NaAc 各 20 g 溶解于 20 mL 冰醋酸和 80 mL 水的混合溶液中，贮于棕色瓶中备用(久置溶液，颜色由棕变红即失效)
$NH_3 \cdot H_2O$-NH_4Cl 缓冲溶液	pH = 10.0	称取 20.00 g NH_4Cl(s)溶于适量水中，加入 100.00 mL 浓氨水(密度 0.9 g/mL)混合后稀释至 1 L 即为 pH = 10.0 的缓冲溶液
邻苯二甲酸氢钾-氢氧化钠缓冲溶液	pH = 4.0	量取 0.200 mol/L 邻苯二甲酸氢钾溶液 250.00 mL，0.100 mol/L 氢氧化钠溶液 4.00 mL，混合后稀释至 1 L，即为 pH = 4.00 的缓冲溶液
亚硝酰铁氰化钠	3 %	称取 3 g $Na_2[Fe(CN)_5NO] \cdot 2H_2O$ 溶于 100 mL 水中
淀粉溶液	0.5%	称取易溶淀粉 1 g 和 $HgCl_2$ 5 mg(作防腐剂)置于烧杯中，加水少许调成薄浆，然后倾入 200 mL 沸水中
奈斯勒试剂		称取 115 g HgI_2 和 80 g KI 溶于足量的水中，稀释至 500 mL，然后加入 500 mL 6 mol/L NaOH 溶液，静置后取其清液保存于棕色瓶中

附表 8　常用缓冲溶液的 pH 值

缓冲溶液	常用 pH 值	pH 有效范围
盐酸-邻苯二甲酸氢钾[HCl-$C_6H_4(COO)_2HK$]	3.1	2.2 ~ 4.0
柠檬酸-氢氧化钠[$C_3H_5(COOH)_3$-NaOH]	2.9,4.1,5.8	2.2,6.5
甲酸-氢氧化钠[HCOOH-NaOH]	3.8	2.8 ~ 4.6
醋酸-醋酸钠[CH_3COOH-CH_3COONa]	4.8	3.6 ~ 5.6
邻苯二甲酸氢钾-氧氧化钾[$C_6H_4(COO)_2HK$-KOH]	5.4	4.0 ~ 6.2
琥珀酸氢钠-琥珀酸钠	5.5	4.8 ~ 6.3
柠檬酸氢二钠-氢氧化钠[$C_3H_4(COO)_3HNa_2$-NaOH]	5.8	5.0 ~ 6.3
磷酸二氢钾-氢氧化钠[KH_2PO_4-NaOH]	7.2	5.8 ~ 8.0
磷酸二氢钾-硼砂[KH_2PO_4-$Na_2B_4O_7$]	7.2	5.8 ~ 9.2
磷酸二氢钾-磷酸氢二钾[KH_2PO_4-K_2HPO_4]	7.2	5.9 ~ 8.0

续表

缓冲溶液	常用 pH 值	pH 有效范围
硼酸-硼砂[H_3BO_3-$Na_2B_4O_7$]	9.2	7.2~9.2
硼酸-氢氧化钠[H_3BO_3-NaOH]	9.2	8.0~10.0
氯化铵-氨水[NH_4Cl-$NH_3 \cdot H_2O$]	9.3	8.3~10.3
碳酸氢钠-碳酸钠[$NaHCO_3$-Na_2CO_3]	10.3	9.2~11.0
磷酸氢二钠-氢氧化钠[Na_2HPO_4-NaOH]	12.4	11.0~12.0

附录9 难溶化合物的溶度积

(18~25 ℃,I=0)

序号	分子式	K_{sp}	pK_{sp}	序号	分子式	K_{sp}	pK_{sp}
1	Ag_3AsO_4	1.0×10^{-22}	22.0	21	Ag_2SeO_4	5.7×10^{-8}	7.25
2	AgBr	5.0×10^{-13}	12.3	22	$AgVO_3$	5.0×10^{-7}	6.3
3	$AgBrO_3$	5.50×10^{-5}	4.26	23	Ag_2WO_4	5.5×10^{-12}	11.26
4	AgCl	1.8×10^{-10}	9.75	24	$Al(OH)_3$①	4.57×10^{-33}	32.34
5	AgCN	1.2×10^{-16}	15.92	25	$AlPO_4$	6.3×10^{-19}	18.24
6	Ag_2CO_3	8.1×10^{-12}	11.09	26	Al_2S_3	2.0×10^{-7}	6.7
7	$Ag_2C_2O_4$	3.5×10^{-11}	10.46	27	$Au(OH)_3$	5.5×10^{-46}	45.26
8	$Ag_2Cr_2O_4$	1.2×10^{-12}	11.92	28	$AuCl_3$	3.2×10^{-25}	24.5
9	$Ag_2Cr_2O_7$	2.0×10^{-7}	6.70	29	AuI_3	1.0×10^{-46}	46.0
10	AgI	8.3×10^{-17}	16.08	30	$Ba_3(AsO_4)_2$	8.0×10^{-51}	50.1
11	$AgIO_3$	3.1×10^{-8}	7.51	31	$BaCO_3$	5.1×10^{-9}	8.29
12	AgOH	2.0×10^{-8}	7.71	32	BaC_2O_4	1.6×10^{-7}	6.79
13	Ag_2MoO_4	2.8×10^{-12}	11.55	33	$BaCrO_4$	1.2×10^{-10}	9.93
14	Ag_3PO_4	1.4×10^{-16}	15.84	34	$Ba_3(PO_4)_2$	3.4×10^{-23}	22.44
15	Ag_2S	6.3×10^{-50}	49.2	35	$BaSO_4$	1.1×10^{-10}	9.96
16	AgSCN	1.0×10^{-12}	12.00	36	BaS_2O_3	1.6×10^{-5}	4.79
17	Ag_2SO_3	1.5×10^{-14}	13.82	37	$BaSeO_3$	2.7×10^{-7}	6.57
18	Ag_2SO_4	1.4×10^{-5}	4.84	38	$BaSeO_4$	3.5×10^{-8}	7.46
19	Ag_2Se	2.0×10^{-64}	63.7	39	$Be(OH)_2$②	1.6×10^{-22}	21.8
20	Ag_2SeO_3	1.0×10^{-15}	15.00	40	$BiAsO_4$	4.4×10^{-10}	9.36

续表

序号	分子式	K_{sp}	pK_{sp}	序号	分子式	K_{sp}	pK_{sp}
41	$Bi_2(C_2O_4)_3$	3.98×10^{-36}	35.4	69	$CrPO_4\cdot4H_2O$(绿)	2.4×10^{-23}	22.62
42	$Bi(OH)_3$	4.0×10^{-31}	30.4		$CrPO_4\cdot4H_2O$(紫)	1.0×10^{-17}	17
43	$BiPO_4$	1.26×10^{-23}	22.9	70	$CuBr$	5.3×10^{-9}	8.28
44	$CaCO_3$	2.8×10^{-9}	8.54	71	$CuCl$	1.2×10^{-6}	5.92
45	$CaC_2O_4\cdot H_2O$	4.0×10^{-9}	8.4	72	$CuCN$	3.2×10^{-20}	19.49
46	CaF_2	2.7×10^{-11}	10.57	73	$CuCO_3$	2.34×10^{-10}	9.63
47	$CaMoO_4$	4.17×10^{-8}	7.38	74	CuI	1.1×10^{-12}	11.96
48	$Ca(OH)_2$	5.5×10^{-6}	5.26	75	$Cu(OH)_2$	4.8×10^{-20}	19.32
49	$Ca_3(PO_4)_2$	2.0×10^{-29}	28.70	76	$Cu_3(PO_4)_2$	1.3×10^{-37}	36.9
50	$CaSO_4$	3.16×10^{-7}	5.04	77	Cu_2S	2.5×10^{-48}	47.6
51	$CaSiO_3$	2.5×10^{-8}	7.60	78	Cu_2Se	1.58×10^{-61}	60.8
52	$CaWO_4$	8.7×10^{-9}	8.06	79	CuS	6.3×10^{-36}	35.2
53	$CdCO_3$	5.2×10^{-12}	11.28	80	$CuSe$	7.94×10^{-49}	48.1
54	$CdC_2O_4\cdot3H_2O$	9.1×10^{-8}	7.04	81	$Dy(OH)_3$	1.4×10^{-22}	21.85
55	$Cd_3(PO_4)_2$	2.5×10^{-33}	32.6	82	$Er(OH)_3$	4.1×10^{-24}	23.39
56	CdS	8.0×10^{-27}	26.1	83	$Eu(OH)_3$	8.9×10^{-24}	23.05
57	$CdSe$	6.31×10^{-36}	35.2	84	$FeAsO_4$	5.7×10^{-21}	20.24
58	$CdSeO_3$	1.3×10^{-9}	8.89	85	$FeCO_3$	3.2×10^{-11}	10.50
59	CeF_3	8.0×10^{-16}	15.1	86	$Fe(OH)_2$	8.0×10^{-16}	15.1
60	$CePO_4$	1.0×10^{-23}	23.0	87	$Fe(OH)_3$	4.0×10^{-38}	37.4
61	$Co_3(AsO_4)_2$	7.6×10^{-29}	28.12	88	$FePO_4$	1.3×10^{-22}	21.89
62	$CoCO_3$	1.4×10^{-13}	12.84	89	FeS	6.3×10^{-18}	17.2
63	CoC_2O_4	6.3×10^{-8}	7.2	90	$Ga(OH)_3$	7.0×10^{-36}	35.15
64	$Co(OH)_2$(蓝)	6.31×10^{-15}	14.2	91	$GaPO_4$	1.0×10^{-21}	21.0
	$Co(OH)_2$(粉红，新沉淀)	1.58×10^{-15}	14.8	92	$Gd(OH)_3$	1.8×10^{-23}	22.74
	$Co(OH)_2$(粉红，陈化)	2.00×10^{-16}	15.7	93	$Hf(OH)_4$	4.0×10^{-26}	25.4
65	$CoHPO_4$	2.0×10^{-7}	6.7	94	Hg_2Br_2	5.6×10^{-23}	22.24
66	$Co_3(PO_4)_3$	2.0×10^{-35}	34.7	95	HgC_2O_4	1.0×10^{-7}	7.0
67	$CrAsO_4$	7.7×10^{-21}	20.11	96	Hg_2CO_3	8.9×10^{-17}	16.05
68	$Cr(OH)_3$	6.3×10^{-31}	30.2	97	$Hg_2(CN)_2$	5.0×10^{-40}	39.3

续表

序号	分子式	K_{sp}	pK_{sp}	序号	分子式	K_{sp}	pK_{sp}
98	Hg_2CrO_4	2.0×10^{-9}	8.06	129	$Ni_3(PO_4)_2$	5.0×10^{-31}	30.3
99	Hg_2I_2	4.5×10^{-29}	11.28	130	α-NiS	3.2×10^{-19}	18.5
100	HgI_2	2.82×10^{-29}	7.04	131	β-NiS	1.0×10^{-24}	24.0
101	$Hg_2(IO_3)_2$	2.0×10^{-14}	32.6	132	γ-NiS	2.0×10^{-26}	25.7
102	$Hg_2(OH)_2$	2.0×10^{-24}	26.1	133	$Pb_3(AsO_4)_2$	4.0×10^{-36}	35.39
103	HgSe	1.0×10^{-59}	35.2	134	$PbBr_2$	4.0×10^{-5}	4.41
104	HgS(红)	4.0×10^{-53}	8.89	135	$PbCl_2$	1.6×10^{-5}	4.79
105	HgS(黑)	1.6×10^{-52}	15.1	136	$PbCO_3$	7.4×10^{-14}	13.13
106	Hg_2WO_4	1.1×10^{-17}	23.0	137	$PbCrO_4$	2.8×10^{-13}	12.55
107	$Ho(OH)_3$	5.0×10^{-23}	28.12	138	PbF_2	2.7×10^{-8}	7.57
108	$In(OH)_3$	1.3×10^{-37}	12.84	139	$PbMoO_4$	10×10^{-13}	13.0
109	$InPO_4$	2.3×10^{-22}	7.2	140	$Pb(OH)_2$	1.2×10^{-15}	14.93
110	In_2S_3	5.7×10^{-74}	14.2	141	$Pb(OH)_4$	3.2×10^{-66}	65.49
111	$La_2(CO_3)_3$	3.98×10^{-34}	14.8	142	$Pb_3(PO_4)_3$	8.0×10^{-43}	42.10
112	$LaPO_4$	3.98×10^{-23}	15.7	143	PbS	1.0×10^{-28}	28.00
113	$Lu(OH)_3$	1.9×10^{-24}	23.72	144	$PbSO_4$	1.6×10^{-8}	7.79
114	$Mg_3(AsO_4)_2$	2.1×10^{-20}	19.68	145	PbSe	7.94×10^{-43}	42.1
115	$MgCO_3$	3.5×10^{-8}	6.7	146	$PbSeO_4$	1.4×10^{-7}	6.84
116	$MgCO_3\cdot3H_2O$	2.14×10^{-5}	34.7	147	$Pd(OH)_2$	1.0×10^{-31}	31.0
117	$Mg(OH)_2$	1.8×10^{-11}	20.11	148	$Pd(OH)_4$	6.3×10^{-71}	70.2
118	$Mg_3(PO_4)_2\cdot8H_2O$	6.31×10^{-26}	30.2	149	PdS	2.03×10^{-58}	57.69
119	$Mn_3(AsO_4)_2$	1.9×10^{-29}	28.72	150	$Pm(OH)_3$	1.0×10^{-21}	21.0
120	$MnCO_3$	1.8×10^{-11}	10.74	151	$Pr(OH)_3$	6.8×10^{-22}	21.17
121	$Mn(IO_3)_2$	4.37×10^{-7}	7.36	152	$Pt(OH)_2$	1.0×10^{-35}	35.0
122	$Mn(OH)_4$	1.9×10^{-13}	12.72	153	$Pu(OH)_3$	2.0×10^{-20}	19.7
123	MnS(粉红)	2.5×10^{-10}	9.6	154	$Pu(OH)_4$	1.0×10^{-55}	55.0
124	MnS(绿)	2.5×10^{-13}	12.6	155	$RaSO_4$	4.2×10^{-11}	10.37
125	$Ni_3(AsO_4)_2$	3.1×10^{-26}	25.51	156	$Rh(OH)_3$	1.0×10^{-23}	23.0
126	$NiCO_3$	6.6×10^{-9}	8.18	157	$Ru(OH)_3$	1.0×10^{-36}	36.0
127	NiC_2O_4	4.0×10^{-10}	9.4	158	Sb_2S_3	1.5×10^{-93}	92.8
128	$Ni(OH)_2$(新)	2.0×10^{-15}	14.7	159	ScF_3	4.2×10^{-18}	17.37

续表

序号	分子式	K_{sp}	pK_{sp}	序号	分子式	K_{sp}	pK_{sp}
160	$Sc(OH)_3$	8.0×10^{-31}	30.1	179	$Ti(OH)_3$	1.0×10^{-40}	40.0
161	$Sm(OH)_3$	8.2×10^{-23}	22.08	180	TlBr	3.4×10^{-6}	5.47
162	$Sn(OH)_2$	1.4×10^{-28}	27.85	181	TlCl	1.7×10^{-4}	3.76
163	$Sn(OH)_4$	1.0×10^{-56}	56.0	182	Tl_2CrO_4	9.77×10^{-13}	12.01
164	SnO_2	3.98×10^{-65}	64.4	183	TlI	6.5×10^{-8}	7.19
165	SnS	1.0×10^{-25}	25.0	184	TlN_3	2.2×10^{-4}	3.66
166	SnSe	3.98×10^{-39}	38.4	185	Tl_2S	5.0×10^{-21}	20.3
167	$Sr_3(AsO_4)_2$	8.1×10^{-19}	18.09	186	$TlSeO_3$	2.0×10^{-39}	38.7
168	$SrCO_3$	1.1×10^{-10}	9.96	187	$UO_2(OH)_2$	1.1×10^{-22}	21.95
169	$SrC_2O_4\cdot H_2O$	1.6×10^{-7}	6.80	188	$VO(OH)_2$	5.9×10^{-23}	22.13
170	SrF_2	2.5×10^{-9}	8.61	189	$Y(OH)_3$	8.0×10^{-23}	22.1
171	$Sr_3(PO_4)_2$	4.0×10^{-28}	27.39	190	$Yb(OH)_3$	3.0×10^{-24}	23.52
172	$SrSO_4$	3.2×10^{-7}	6.49	191	$Zn_3(AsO_4)_2$	1.3×10^{-28}	27.89
173	$SrWO_4$	1.7×10^{-10}	9.77	192	$ZnCO_3$	1.4×10^{-11}	10.84
174	$Tb(OH)_3$	2.0×10^{-22}	21.7	193	$Zn(OH)_2$③	2.09×10^{-16}	15.68
175	$Te(OH)_4$	3.0×10^{-54}	53.52	194	$Zn_3(PO_4)_2$	9.0×10^{-33}	32.04
176	$Th(C_2O_4)_2$	1.0×10^{-22}	22.0	195	α-ZnS	1.6×10^{-24}	23.8
177	$Th(IO_3)_4$	2.5×10^{-15}	14.6	196	β-ZnS	2.5×10^{-22}	21.6
178	$Th(OH)_4$	4.0×10^{-45}	44.4	197	$ZrO(OH)_2$	6.3×10^{-49}	48.2

附表 10 弱电解质的解离常数

(近似浓度 0.01 ~0.003 mol/L,温度 298 K)

名称	化学式	解离常数	pK_a
醋酸	HAc	1.76×10^{-5}	4.75
碳酸	H_2CO_3	$K_1=4.30\times10^{-7}$	6.37
		$K_2=5.61\times10^{-11}$	10.25
草酸	$H_2C_2O_4$	$K_1=5.90\times10^{-2}$	1.23
		$K_2=6.40\times10^{-5}$	4.19
亚硝酸	HNO_2	4.6×10^{-4}(285.5 K)	3.37

续表

名称	化学式	解离常数	pK_a
磷酸	H_3PO_4	$K_1=7.52\times10^{-3}$	2.12
		$K_2=6.23\times10^{-8}$	7.21
		$K_3=2.2\times10^{-13}$(291 K)	12.67
亚硫酸	H_2SO_3	$K_1=1.54\times10^{-2}$(291 K)	1.81
		$K_2=1.02\times10^{-7}$	6.91
硫酸	H_2SO_4	$K_2=1.20\times10^{-2}$	1.92
硫化氢	H_2S	$K_1=9.1\times10^{-8}$(291 K)	7.04
		$K_2=1.1\times10^{-12}$	11.96
氢氰酸	HCN	4.93×10^{-10}	9.31
铬酸	H_2CrO_4	$K_1=1.8\times10^{-1}$	0.74
		$K_2=3.20\times10^{-7}$	6.49
硼酸	H_3BO_3	5.8×10^{-10}	9.24
氢氟酸	HF	3.53×10^{-4}	3.45
过氧化氢	H_2O_2	2.4×10^{-12}	11.62
次氯酸	HClO	2.95×10^{-5}(291 K)	4.53
次溴酸	HBrO	2.06×10^{-9}	8.69
次碘酸	HIO	2.3×10^{-11}	10.64
碘酸	HIO_3	1.69×10^{-1}	0.77
砷酸	H_3AsO_4	$K_1=5.62\times10^{-30}$(291 K)	2.25
		$K_2=1.70\times10^{-7}$	6.77
		$K_3=3.95\times10^{-12}$	11.40
亚砷酸	$HAsO_2$	6×10^{-10}	9.22
铵离子	NH_4^+	5.56×10^{-10}	9.25
氨水	$NH_3\cdot H_2O$	1.79×10^{-5}	4.75
联胺	N_2H_4	8.91×10^{-7}	6.05
羟氨	NH_2OH	9.12×10^{-9}	8.04
氢氧化铅	$Pb(OH)_2$	9.6×10^{-4}	3.02
氢氧化锂	LiOH	6.31×10^{-1}	0.2
氢氧化铍	$Be(OH)_2$	1.78×10^{-6}	5.75
	$BeOH^+$	2.51×10^{-9}	8.6
氢氧化铝	$Al(OH)_3$	5.0×10^{-9}	8.3

续表

名称	化学式	解离常数	pK_a
氢氧化铝	$Al(OH)_2^+$	1.99×10^{-10}	9.7
氢氧化锌	$Zn(OH)_2$	7.94×10^{-7}	6.1
氢氧化镉	$Cd(OH)_2$	5.01×10^{-11}	10.3
乙二胺	$H_2NC_2H_4NH_2$	$K_1=8.5\times10^{-5}$	4.07
		$K_2=7.1\times10^{-8}$	7.15
六亚甲基四胺	$(CH_2)_6N_4$	1.35×10^{-9}	8.87
尿素	$CO(NH_2)_2$	1.3×10^{-14}	13.89
质子化六亚甲基四胺	$(CH_2)_6N_4H^+$	7.1×10^{-6}	5.15
甲酸	HCOOH	1.77×10^{-4}(293 K)	3.75
氯乙酸	$ClCH_2COOH$	1.40×10^{-3}	2.85
氨基乙酸	NH_2CH_2COOH	1.67×10^{-10}	9.78
邻苯二甲酸	$C_6H_4(COOH)_2$	$K_1=1.12\times10^{-3}$	2.95
		$K_2=3.91\times10^{-6}$	5.41
柠檬酸	$(HOOCCH_2)_2C(OH)COOH$	$K_1=7.1\times10^{-4}$	3.14
		$K_2=1.68\times10^{-5}$(293 K)	4.77
		$K_3=4.1\times10^{-7}$	6.39
α-酒石酸	$(CH(OH)COOH)_2$	$K_1=1.04\times10^{-3}$	2.98
		$K_2=4.55\times10^{-5}$	4.34
8-羟基喹啉	C_9H_6NOH	$K_1=8\times10^{-6}$	5.1
		$K_2=1\times10^{-9}$	9.0
苯酚	C_6H_5OH	1.28×10^{-10}(293 K)	9.89
对氨基苯磺酸	$H_2NC_6II_4SO_3H$	$K_1=2.6\times10^{-1}$	0.58
		$K_2=7.6\times10^{-4}$	3.12
乙二胺四乙酸(EDTA)	$(CH_2COOH)_2NH^+CH_2CH_2NH^+(CH_2COOH)_2$	$K_5=5.4\times10^{-7}$	6.27
		$K_6=1.12\times10^{-11}$	10.95

附表 11 金属离子-氨羧配合剂配合物的稳定常数

($\lg K_{MY}$)(18 ~ 25 ℃, I = 0.1 mol/L)

金属离子	EDTA	EGTA	DCTA	金属离子	EDTA	EGTA	DCTA
Ag^{+}	7.32	6.88	—	Mo(V)	~28	—	—
Al^{3+}	16.3	13.9	19.5	Na^{+}	1.66	—	—
Ba^{2+}	7.86	8.41	8.69	Ni^{2+}	18.62	13.55	20.3
Bi^{3+}	27.94	—	32.3	Pb^{2+}	18.04	14.71	20.38
Ca^{2+}	10.69	10.97	13.20	Pd^{2+}	18.5	—	—
Cd^{2+}	16.46	16.70	19.93	Sc^{3+}	23.1	18.2	26.1
Co^{2+}	16.31	12.39	19.62	Sn^{2+}	22.11	—	—
Co^{3+}	36	—	—	Sr^{2+}	8.73	8.50	10.59
Cr^{3+}	23.4	—	—	Th^{4+}	23.2	—	25.6
Cu^{2+}	18.80	17.71	22.00	TiO^{2+}	17.3	—	—
Fe^{2+}	14.32	11.87	19.0	Ti^{3+}	37.8	—	38.3
Fe^{3+}	25.1	20.5	30.1	U^{4+}	25.8	—	27.6
Ga^{3+}	20.3	—	23.2	VO^{2+}	18.8	—	20.1
Hg^{2+}	21.7	23.2	25.00	Y^{3+}	18.09	17.16	19.85
In^{3+}	25.0	—	28.8	Zn^{2+}	16.50	12.7	19.37
Li^{+}	2.79	—	—	Zr^{4+}	29.5	—	—
Mg^{2+}	8.7	5.21	11.02	稀土元素	16 ~ 20	—	17 ~ 22
Mn^{2+}	13.87	12.28	17.48				

注:(1)EDTA:乙二胺四乙酸;

(2)EGTA:乙二醇二乙醚二胺四乙酸;

(3)DCTA:1,2 - 二胺基环乙烷四乙酸。

参考文献

[1] 武汉大学. 分析化学实验[M]. 5 版. 北京:高等教育出版社,2011.
[2] 北京大学化学与分子工程学院分析化学教学组. 基础分析化学实验[M]. 3 版. 北京:北京大学出版社,2010.
[3] 孟长功. 基础化学实验[M]. 3 版. 北京:高等教育出版社,2019.
[4] 马育. 基础化学实验[M]. 2 版. 北京:化学工业出版社,2014.
[5] 四川大学化学工程学院,浙江大学化学系. 分析化学实验[M]. 4 版. 北京:高等教育出版社,2015.
[6] 大连理工大学普通化学课程组. 大学普通化学实验[M]. 2 版. 北京:高等教育出版社,2010.
[7] 孙成. 环境监测实验[M]. 2 版. 北京:科学出版社,2010.
[8] 彭崇慧,冯建章,张锡瑜. 分析化学:定量化学分析简明教程[M]. 4 版. 北京:北京大学出版社,2020.
[9] 李克安. 分析化学教程[M]. 北京:北京大学出版社,2005.
[10] 李泽全,余丹梅. 大学化学实验[M]. 北京:科学出版社,2017.
[11] 黄应平. 化学创新实验教程[M]. 武汉:华中师范大学出版社,2010.